초중등 과학 상식 필수편

꼭 알아야 할
생활 속 화학 상식

디아스포라(DIASPORA)는 독자 여러분의 책에 관한 아이디어와 원고 투고를 기다리고 있습니다. 디아스포라는 전파과학사의 임프린트로 종교(기독교), 경제·경영서, 일반 문학 등 다양한 장르의 국내 저자와 해외 번역서를 준비하고 있습니다. 출간을 고민하고 계신 분들은 이메일 chonpa2@hanmail.net로 간단한 개요와 취지, 연락처 등을 적어 보내주세요.

초중등 과학 상식 필수편

꼭 알아야 할
생활 속 화학 상식

초판1쇄 발행 2024년 12월 10일

지은이 윤 실
발행인 손동민
디자인 김미영

펴낸곳 전파과학사
출판등록 1956. 7. 23. 제 10-89호
주 소 서울시 서대문구 증가로18, 204호
전 화 02-333-8877(8855)
팩 스 02-334-8092
이메일 chonpa2@hanmail.net
공식블로그 http://blog.naver.com/siencia

ISBN 978-89-7044-688-2 (03430)

초중등 과학 상식 필수편

꼭 알아야 할
생활 속 화학 상식

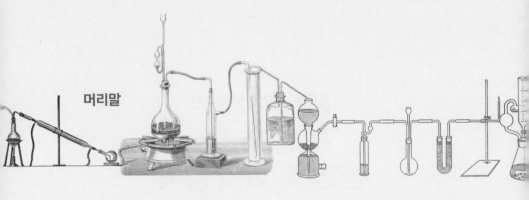

머리말

지금 인류는 우리 주변을 둘러싼 수백만 종류의 화학물질 덕분에 풍요롭고도 편리한 생활을 한다. 이처럼 다양한 물질을 제조하여 이용할 수 있게 된 것은 화학의 발전 덕분이다. 자연과학의 한 분야인 화학(化學, chemistry)은 물질을 구성하는 원소와 화합물의 성질을 조사하고, 그 구성 성분을 밝히며, 화학변화 과정에서 에너지가 어떻게 작용하는지 등을 연구하는 과학이다.

화학물질 속에서 살아가는 우리는 주변 물질의 화학적 성질과 이를 안전하고 편리하게 이용하는 방법 등에 대한 상식이 필요하다. 가령 눈이 내려 얼어붙은 도로에 염화칼슘을 살포하면 눈이 빨리 녹는 화학적 이유를 알아야 이 지식을 생활에 활용하고 응용할 수 있다.

우리 주변은 생활을 편리하게 해주는 온갖 기구들로 가득하다. 어떤 전자장치든 반도체라는 화학물질을 이용한다. 미래에는 인공지능이 장착된 컴퓨터, 자동차, 비행기, 통신기구, 생활가전 등을 지금보다 더 편리하게 이용하게 될 것이다. 플라스틱 및 합성섬유의 종류도 날로 증가하고, 건강을 지키는 의약품도 새롭게 개발되고 있다. 생활 주변 물질에 대한 화학 상식이 늘어날수록 더 지혜롭고 창조적인 삶을 영위할 수 있다.

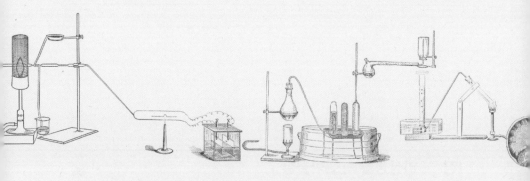

이렇듯 화학물질에 둘러싸여 살면서도 그에 대한 상식은 부족하다. 특히 화학과 관련된 분야는 눈부시게 발전하는 첨단산업이자 더욱 유망해질 먹거리 산업인데도 일반인의 상식은 턱없이 부족한 것이 현실이다.

화학은 연구 범위가 폭넓고 물리학 및 생물학과도 연관되어 있어 여러 분야로 세분화하고 있다. 대표적인 분야로는 유기화학, 무기화학, 생화학, 물리화학, 분석화학, 화학공학, 의약학, 우주화학 등이 있다.

이 책은 생활과 밀접한 여러 화학물질의 성질과 화학적 현상을 소개하고, 이 물질들이 일으키는 화학반응을 알기 쉬운 문답으로 제시한다. 책을 읽다 보면 지금까지 어렵게만 생각하던 화학이 재미있어지고 화학에 대한 이해도 넓어질 것이다. 이 책에 실린 170여 가지 질문과 대답이 화학에 대한 궁금증을 해소해 주면서도 재미있는 과목으로 인식시켜주는 지침이 되길 바란다.

윤실

2장   식생활과 건강을 위한 화학 상식

3장 석유와 합성물질의 화학

4장 기체, 액체, 고체의 성질과 변화

5장   원소, 원자, 분자, 화합물

1장

일상생활 속
화학물질

종이는 어떻게 만들어질까?

주변을 둘러보면 신문지, 책, 벽지, 복사지, 포장지, 휴지 등 수많은 종류의 종이가 있으며, 1명이 소비하는 종이의 양도 엄청나다. 종이를 제작하는 제지산업은 20세기 이후 주요 화학공업으로 발전했다.

종이를 발명하기 전 옛사람들은 기록으로 남겨야 할 내용이 있으면 바위나 동물의 뼈, 나무의 표면을 긁어서 흔적을 남겼다. 동물의 가죽은 옷으로 만들어 입기도 했지만, 잘 펴서 그 표면에 문자를 기록하기도 했다. 약 4,300년 전에 이집트 사람들은 '파피루스'라는 수생식물의 줄기(섬유)를 이용하여 처음으로 종이를 만들었다. 한편 약 3,500년 전 고대 중국에서는 오늘날과 비슷한 종이를 만드는 법을 고안했다고 한다.

오늘날 종이는 주로 목재를 원료로 사용하며, 일부는 짚이나 대나무를 쓰기도 한다. 재생지는 헌 신문지나 포장용 종이 상자, 폐지, 심지어 중앙은행에서 버리는 헌 돈 따위를 이용해 제작한다.

펄프 통나무를 잘게 쪼갠 것을 '칩chip'이라고 하고, 이 칩을 분쇄한 뒤 약품 처리를 해 섬유질만 뽑아낸 것이 펄프다. 펄프 재료인 목재를 운반하는 모습이다.

우선 큰 나무를 베어 작은 통나무로 만든 다음 이를 기계로 잔잔하게 쪼갠 후 분쇄기로 더 잘게 부순다. 그런 다음 화학약품을 첨가해 나무 섬유를 하나하나 분리시킨다. 종이를 확대경으로 보면 전부 섬유임을 알 수 있다. 이렇게 나무의 섬유만 뽑아낸 것을 '펄프(pulp)'라고 한다.

나무에서 막 추출한 펄프는 노란색이거나 갈색이다. 그래서 펄프로 바로 종이를 만들면 흔히 보는 택배 상자와 같은 갈색 종이가 된다. 신문지나 노트와 같은 흰 종이는 탈색제를 넣어 표백한 다음 물로 탈색제 성분을 씻어내 만든다. 다음 단계로 종이에 잉크가 잘 스며들도록 약품 처리를 한다. 이렇게 가공한 펄프를 물에 펼쳐 마치 김을 한 장씩 물에서 떠내듯 편편한 그물로 섬유만 건져내 반듯하게 놓고 건조시키면 종이가 된다.

고무는 어떻게 만들어질까?

던지고 차고 굴리고 칠 수 있는 공이 없었더라면 축구, 농구, 배구, 테니스 등의 구기(球技) 운동은 생겨나지 않았을지도 모른다. 고무로 만든 공은 늘 일정 정도로 잘 튀기 때문에 숙련되면 공을 쳐다보지 않고도 드리블이 가능한 수준에 도달할 수 있다.

고무가 없다면 내복과 양말이 몸에서 흘러내리지 않도록 조여 주는 밴드도 없었을 것이고, 머리카락을 묶을 때 쓰는 머리 끈도 없었을 것이다. 자동차에도 고무 타이어 대신 시끄러운 소리를 내며 둔하게 구르는 나무 바퀴나 쇠바퀴를 사용하고 있었을지도 모른다.

고무나무(학명 Hervea brasiliensis)는 원래 남아메리카 열대지방에서만 자랐다. 멕시코 원주민들은 약 2,500년 전부터 고무로 만든 공을 가지고 놀았다. 남아메리카를 처음 탐험한 크리스토퍼 콜럼버스는 아이티(Haiti) 섬에서 원주민들이 갖고 놀던 고무공을 처음 보고 매우 신기해했다. 그는 1493년에 약간의 고무를 구해 유럽으로 가져와 사람들에게 보여주었기도 했다.

제2차 세계대전이 일어나기 전까지 자동차의 고무바퀴는 고무나무에서 추출한 천연고무만 재료로 사용했다. 그러나 전쟁이 발발하면서 미국은 수백만 대의 트럭과 승용차 바퀴에 쓰일 고무가 다량 필요했다. 당시 고무의 원료는 주로 동남아시아 국가에서 재배하는 고무나무에서 구했는데, 이 지역은 모두 일본이 점령하고 있어 천연고무를 구할 길이 막막했다.

과학자들은 원유에 포함된 성분(에틸렌, 아세틸렌, 프로필렌 등)을 화학적

으로 변화시켜 고무를 만드는 방법을 고안했다. 인조고무를 합성할 때 검은 탄소 가루와 유황 성분을 적절히 혼합해야 잘 변질되지 않는 단단한 고무가 됐다. 자동차 타이어가 검은색인 것은 탄소 가루가 다량 포함돼 있기 때

타이어 자동차 타이어는 모두 합성고무로 만든다.

문이다. 집 안을 둘러보면 고무로 만든 물건들이 여기저기 보일 것이다. 신발창, 고무장갑, 비옷, 장화, 고무신, 운동화 바닥, 송수 호스 등 고무는 일상과 밀착돼 있다.

3
고무는 왜 늘어났다 줄었다 할까?

대다수 식물은 잎이나 가지에 상처가 나면 그 자리에서 흰색의 끈적한 유액을 분비한다. '라텍스(latex)'라 부르는 이 유액에는 여러 가지 성분이 포함돼 있다. 흘러나온 유액은 굳어서 상처를 보호하는 역할을 한다. 천연고무의 원료는 남아메리카 열대지방에서 자생하는 파라고무나무(Para rubber tree)에서 추출한다.

고무나무의 수액을 건조시키면 탄성이 강한 고무가 된다. 이 고무는 잡아당겼을 때 본래 크기보다 몇 배 늘어났다가도 처음 상태로 되돌아간

파라고무나무 40m 이상 크게 자라기도 하는 파라고무나무의 줄기에 상처를 내면 유난히 많은 라텍스가 분비된다. 남아메리카가 원산지였으나 20세기에 들어와서는 동남아시아 여러 나라에서 고무 생산을 목적으로 대량 재배하기 시작했다.

다. 세상의 천연물질 중에 고무처럼 탄성이 좋은 것은 없다.

고무가 신축할 수 있는 이유는 특수한 분자 구조에 있다. 고무의 분자 구조를 설명하기란 다소 까다롭지만 간단히 말하자면 다음과 같다. 고무는 탄소와 수소로 이루어진 '이소프렌'이라 부르는 분자가 수없이 모인 물질이며, 탄소와 수소 원자가 국수 가락을 꼬아둔 것 같은 긴 분자 구조를 이루고 있다. 고무를 잡아당기면 꼬여 있던 분자가 풀리면서 길어지고, 놓으면 본래의 꼬인 상태로 돌아간다. 고무는 스프링과 달리 한 방향으로만 늘어나는 것이 아니라 어느 쪽으로 잡아당겨도 신축한다. 하지만 한계를 넘을 정도로 당기면 끊어진다. 이 한계를 '탄성의 한계(elastic limit)'라 한다.

고무지우개는 왜 연필 자국을 잘 지울까?

종이 위에 연필로 쓴 글씨를 지우려면 고무로 만든 지우개가 있어야 한다. 고무지우개만큼 연필 자국을 쉽게 지우는 것도 없다. 고무를 영어로 '러버(rubber)'라고 하는데, 이 말은 'rub(문질러 지우다)'에서 파생된 말이다.

이 이름을 붙인 사람은 영국의 유명한 화학자 조셉 프리스틀리(1733-1804)다. 프리스틀리는 산소가 존재한다는 사실을 처음 발견한 과학자다. 그는 1770년 고무로 연필 자국을 문지르면 잘 지워진다는 사실을 발견하고 '러버'라는 이름을 붙였다. 우리가 쓰는 '고무'라는 말은 프랑스어 '곰므(gomme)'에서 가져온 것이다.

연필 꼭지에 달린 지우개는 조금 단단하지만, 미술용 지우개는 부드럽고 연필 자국을 훨씬 잘 지운다. 이 미술용 지우개는 고무에 비닐과 플라

반죽 미술 시간에 모형이나 도자기를 빚을 때 사용하는 점토는 연필 자국을 더 깨끗하게 지운다. 점토粘土(찰흙)는 지극히 미세한 입자(크기 2마이크론 이하)로 이루어진 흙(주성분은 규소와 알루미늄 등)을 물과 혼합해 반죽한 것이다. 점토로 연필 자국을 문지르면 점토 입자가 흑연 입자와 함께 반죽되면서 연필 자국을 말끔하게 지우는 효과를 보인다.

스틱, 추잉 껌 비슷한 물질 등을 혼합하여 만든 것이다.

고무는 문지를 때 연필 자국인 흑연 가루를 잘 흡착해 함께 떨어져 나온다. 고무가 질기면 종이가 찢어지기 쉽고 잘 지워지지 않지만, 부드럽게 만든 고무는 빨리 닳지만 잘 지운다.

5

규조토(硅藻土)란 어떤 흙일까?

바다, 강, 호수 등 물이 있는 곳에는 규조(硅藻, diatom)라 부르는 하등식물이 왕성하게 번식한다. 규조는 현미경으로 볼 수 있는 미세한 단세포 식물이며, 전 세계 바다와 민물에 워낙 많이 살고 있어 지구상에서 가장 풍

다이아톰 바다에 사는 여러 종류의 규조가 보석처럼 보인다. 규조의 세포벽은 유리 성분과 같은 산화규소다.

부하고 산소를 가장 많이 생산하는 생명체다. 식물성 플랑크톤은 대부분 규조로, 그 종류는 30만 종을 넘는다.

규조의 세포는 모래의 성분인 산화규소(SiO_2)로 이루어진 껍질(세포벽)로 쌓여 있다. 규조가 죽으면 세포 내부 물질은 분해되고 껍질만 가라앉아 바다나 호수의 바닥에 쌓이게 된다.

규조가 수백만 년 살아온 해저에 규조의 층이 두껍게 쌓여 바위처럼 변한다. 이 규조층이 지각 변동으로 인해 해면 위로 솟거나 어떤 원인으로 사막화되어 마르면 규조 바위층(규조 화석층)이 드러난다. 그 결과로 생겨난 것이 규조토다.

규조토의 86%는 산화규소가 차지한다. 분필(粉筆)처럼 무르기 때문에 손톱으로 긁으면 가루가 된다. 입자에는 틈새가 많아 매우 가볍고, 그 많은 틈새로 다른 물질을 쉽게 흡수하며 열을 잘 차단하기도 한다.

규조토를 혼합한 안전 폭약의 탄생

스웨덴의 화학자이자 공학자인 알프레드 노벨(Alfred Nobel, 1833~1896)은 쉽게 폭발하는 화학물질인 니트로글리세린(nitroglycerin)에 규조토 가루와 약간의 탄산나트륨(Na_2CO_3)를 섞으면 폭발 위험이 크게 줄어드는 폭약이 된다는 사실을 발견하고, 1867년에 다이너마이트(dynamite)라는 이름으로 제조 특허를 얻었다.

다이너마이트는 당시 광산이나 도로공사 또는 전쟁터에서 사용하던 흑색화약보다 폭발력이 강하면서도 훨씬 안전해 전 세계로 엄청나게 팔려나가 노벨은 거부(巨富)가 되었다. 훗날 그는 사비를 들여 과학 분야의 최고 영예인 노벨상을 수여하는 재단을 설립했다.

규조토는 다이너마이트 외에 치약, 플라스틱과 고무를 단단하게 하는 강화제, 정수기, 그리고 맥주와 포도주, 설탕 등을 제조할 때 필터로 사용하며, 종이와 페인트, 도자기, 비누 등을 제조할 때도 쓰인다. 규조토를 해충에 뿌

규조토 가루 규조토는 산지産地에 따라 색에 차이가 나며 다이너마이트 제조 외에도 용도가 다양하다.

리면 곤충의 피부를 덮고 있는 큐티클에서 지방질과 수분을 뽑아내 해충을 죽이기도 한다. 또한 규조토에 농약을 섞어 분사하면 효과가 오래간다. 규조토는 냄새와 수분을 잘 빨아들여 반려동물 용변 처리에도 유용하다.

6

비눗물에서는 왜 거품이 생기며 비눗방울은 어떻게 만들어질까?

물은 여러 가지 특수한 성질을 지녔다. 그중에서도 분자끼리 끌어당겨 서로 붙기 좋아하는 성질이 있다. 이 응집력 때문에 빗방울과 풀잎의 물방울이 서로 뭉쳐 동그랗게 형성되고, 그릇에 담긴 물은 표면을 완전히 수평으로 만든다.

물통에 담긴 물을 휘저어 보면 거품이 잘 일지 않으며, 생기더라도 금방 꺼져버린다. 이는 물 분자끼리 서로 붙는 응집력이 강하기 때문이다. 하지만 비눗물을 휘저으면 큰 거품이 대량 생겨난다. 이는 비눗물의 응집

비눗방울　비눗물은 물에 비해 분자끼리 당기는 응집력이 약하므로 빨대에 비눗물을 적셔 입으로 불면 커다란 비눗방울을 만들 수 있다. 수평 상태인 물의 수면이 표면장력을 갖는 것은 물 분자의 응집력 때문이다.

력이 물보다 훨씬 약하기 때문이다. 비눗물은 물보다 응집력이 약하므로 거품이 돼도 쉽게 터지지 않는다.

비누가 포함된 물은 거품이 잘 일기도 하고 상당히 큰 거품을 만들기도 한다. 비눗물의 응집력이 물에 비해 약한 이유는 비누를 제조하는 화학물질이 물 분자 사이에 끼어 물 분자끼리 끌어당기는 응집력을 약하게 만들기 때문이다.

물(액체)을 그릇에 담으면 표면이 수평이 된다. 이는 물 분자가 서로 끌어당긴 결과 표면적이 가장 좁은 평면이 된 것으로, 이 수면은 마치 얇은 막이 깔린 것 같은 힘을 갖는다. 이를 표면장력(表面張力)이라 하는데, 이 장력은 물의 응집력 때문에 생긴다. 소금쟁이가 물에 빠지지 않고 수면을 걸어 다니는 것이나 물 위에 바늘이나 면도날이 뜨는 것은 표면장력 때문이다.

농작물에 살포하는 농약에는 반드시 비누 성분을 섞는다. 비눗물이 잎사귀나 줄기에 끈끈하게 붙어 농약의 효과를 높여주기 때문이다. 다른 물질에 잘 붙게 하는 물질을 계면활성제(界面活性劑)라 하는데, 세제(비누류)가 포함된 물은 훌륭한 계면활성제 역할을 한다.

비누는 왜 때를 잘 씻어낼까?

설탕이나 소금은 물에 잘 녹지만 기름은 그렇지 않다. 기름종이에 물방울을 떨어뜨리면 물방울은 동그랗게 되어 구른다. 사이가 나쁜 관계를 두고 '물과 기름 같다'라고 말하는 것도 그래서다.

피부는 땀과 함께 기름기를 분비한다. 이 기름기가 먼지와 함께 섬유에 묻어 때가 된다. 세탁은 물로 때를 씻어내는 것이다. 기름때가 묻은 옷을 물에 넣으면 물과 기름이 서로 접촉하지 않아 기름때를 씻어낼 수 없다. 하지만 비누를 혼합하면 물과 기름이 서로 접촉하게 되고, 비누 성분이 기름을 녹여 옷에서 떨어져 나오게 한다. 세제가 바로 이 역할을 한다. 세탁용 비누(합성 세제)의 종류는 매우 많지만, 때를 청소하는 원리는 비슷하다.

거울 표면에 비누를 바르면 왜 김이 서리지 않을까?

더운물로 샤워를 하면 목욕탕 거울 표면에 수증기가 뿌옇게 끼어 아무 것도 보이지 않는다. 하지만 거울 표면에 비누를 바르고 물을 가볍게 뿌린 다음 비눗물을 씻어내면 한동안 증기가 끼지 않는다. 비가 오거나 추운 날 자동차 유리에 안개가 끼어 앞이 보이지 않을 때 안개 방지 스프레이를 뿌 리면 한동안 흐려지지 않는다.

거울 표면이나 자동차 유리에 김이 서리는 것은 작은 물방울이 유리 표면에 맺혀 마치 우윳빛 유리처럼 빛을 난반사하기 때문이다. 유리 표면 에 비누 성분이 있으면 수증기가 비누와 만나 응집력이 약해지면서 물방 울을 맺지 않고 전체적으로 고르게 얇은 물의 막을 형성한다. 비누와 물이 친하기 때문이다.

유리 표면에 물방울이 가득 맺히면 물방울이 빛을 사방으로 난반사하 지만, 물의 표면이 매끈하면 마치 고요한 수면 같다. 시간이 지나 비누 성 분이 다 씻겨 나가면 유리 표면은 다시 뿌옇게 된다. 차량용 안개 방지 스 프레이에는 물과 유리가 잘 접촉하게 하는 세제 성분이 들어 있다.

응집력이 강한 상태의 물 분자는 유리와 잘 접촉하지 않는다. 하지만 세제가 들어가면 물은 유리와 잘 접촉해 얇은 막처럼 덮인다. 운전 시 수 증기가 낄 때 물에 세제를 조금 탄 스프레이를 뿌리거나 수영할 때 물안경 안쪽 표면에 세제를 가볍게 발라두면 오랫동안 김이 서리지 않는다.

세탁비누와 세숫비누는 어떻게 다를까?

옛사람들은 수천 년 전부터 나무를 태운 재에 물을 붓고 불려서 그 물 (잿물)로 머리를 감거나 빨래를 할 때 자연수보다 세척력이 더 좋다는 것을 알고 있었다. 잿물이 세척력이 더 좋은 이유는 재에 함유된 무기물 성분 때문이다. 잿물에 녹아 있는 무기물은 약한 알칼리성이라 때의 중요 성분인 기름기와 결합하여 물에서 씻겨 나가게 한다.

화학이 발달하면서 가성소다(수산화나트륨 NaOH)를 녹인 물이 알칼리성이 더 강해 잿물보다 세탁 효과가 더 좋다는 사실이 밝혀졌다. 가성소다의 위험성을 잘 모르던 당시 사람들은 이를 서양에서 온 잿물이라는 의미로 '양잿물'이라 부르며 사용했다. 하지만 실수로 양잿물을 마시거나 눈에 들어가는 경우가 생기면서 사망에 이르거나 눈의 각막이 상해 실명하기도 했다.

오늘날과 비슷한 비누는 19세기 말부터 보급되기 시작했다. 당시 비누는 동물이나 식물의 기름과 가성소다를 화합시켜 만든 것이었다. 이렇게 제조한 비누는 알칼리성이 지나치게 강해 피부를 거칠게 하고 세탁물을 손상하기도 했다. 그

비누 거품 물속에 칼슘과 마그네슘 같은 무기물이 많이 포함되어 있으면 비누 거품이 잘 생기지 않고 비눗기가 빨리 사라진다.

래서 피부가 상하지 않는 좋은 비누를 만드는 비누 공업이 발전하게 되었다.

일반 세탁비누로 빨래를 하면 먼지가 뭉친 것 같은 뿌연 비누 때가 생겨 세탁물과 대야 주변에 붙는다. 이는 물에 녹아 있던 칼슘과 마그네슘이 비누의 성분과 결합해 생긴 것이다. 비누를 풀었을 때 비누 때가 많이 생기는 물은 무기물이 많이 포함된 센물(경수硬水)임을 알 수 있다.

화장비누로 머리를 감거나 세탁을 하면 비누 때가 생기지 않는다. 화장비누는 피부를 보호할 수 있도록 알칼리성이 약하다. 또 향료를 섞기도 하며 비누 때가 없어지도록 특수한 화학물질(에틸렌디아민테트라아세트산)을 혼합한다. 이 물질은 센물의 칼슘이나 마그네슘과 결합하여 물속에서 산산이 흩어지므로 비누 때가 생기지 않는다.

10
합성세제는 천연 비누와 어떻게 다를까?

가정에서 사용하는 물비누와 가루비누는 1940년대에 개발된 합성 비누(합성세제)다. 이들은 천연 원료로 제조하는 비누와 달리 원유를 정제할 때 부산물로 나오는 물질을 사용하여 제조한다. 이 합성세제는 천연 비누와 성분뿐만 아니라 세탁 시 화학적 작용도 다르며 세탁력도 더 강하다. 또 합성세제는 센물이나 찬물에서도 잘 풀려 세탁 효과가 좋다. 비누 때도 만들지 않는다.

오늘날에는 가격이 저렴하면서 세탁력이 좋은 합성세제를 세탁에 주로 사용한다. 합성세제를 만드는 원료인 알킬벤젠술폰산나트륨은 거품이 많이 일고 자연 분해가 되지 않으며 해양 생물을 죽이기도 해 문제가 됐다. 화학자들의 노력으로 오늘날 생산되는 합성세제는 미생물에 의해 쉽게 분해되고 거품 공해도 일으키지 않는다.

샴푸와 린스는 세숫비누와 어떻게 다를까?

피부에서는 땀과 기름 성분이 항상 분비된다. 먼지에 많이 노출되면 얼굴과 머리를 자주 감아야 한다. 많은 이들이 머리를 감을 때 샴푸로 먼저 씻고 나서 린스로 다시 헹군다. 머리를 감는 비누 중 샴푸(shampoo)가 나온 시기는 100년도 더 이전인 1920년대 말이었다. 당시 샴푸는 오늘날과 달리 천연 비누로 만들었다. 현재의 액체 샴푸는 합성세제로 제조하며, 머리카락을 씻어내는 효과가 화장비누보다 더 좋다. 또 샴푸에는 비듬을 없애고 가려움을 방지하는 약품을 혼합하기도 한다.

화장비누나 샴푸로 머리를 감고 난 뒤 머리카락에 비누 성분이 남으면 머리카락 표면의 지방 성분이 씻겨 나가 거칠어진다는 이유로 린스로 다시 감는다. 린스는 1960년대 후반에 등장했다. 린스

샴푸 반려동물을 목욕시킬 때도 샴푸를 사용한다. 샴푸는 모두 합성세제다.

에 포함된 화학물질은 머리카락 표면을 보호하고 습기가 오래도록 남아 부드럽게 하며 윤기가 나게 해주는 효과가 있다. 오늘날에는 화장품뿐만 아니라 화장용 비누도 신제품이 쏟아진다. 화장용품은 화학공업의 핵심 분야로 자리 잡았다.

12
비누는 때나 세균을 어떻게 없앨까?

화학을 처음 접할 때 물질의 성질을 나타내는 산(酸, acid), 알칼리(염기鹽基 alkali), 산성(酸性), 중성(中性), 알칼리성(염기성), pH 농도(산도酸度) 등의 용어를 만나게 된다.

비누를 만들어 사용한 역사는 기원전 2,800년으로 거슬러 올라간다. 나무나 풀을 태우면 재가 남는다. 이 재에 물을 부으면 재의 성분이 우러난 잿물을 얻을 수 있다. 가축을 키우며 유목 생활을 하던 옛사람들은 짐승의 가죽을 벗겨 옷을 만들었다. 짐승의 생가죽을 그대로 말리면 기름(비계) 때문에 옷으로 가공하기도 어려웠고, 또 가죽옷은 뻣뻣하여 입기에도 마땅치 않았다. 그래서 따뜻하게 데운 잿물에 가죽을 담가 두었다. 그렇게 하면 붙어 있던 비계가 녹으면서 가공하기가 쉬워지고 기름기가 녹아 있는 잿물에는 부드러운 비누(soap)가 생겼다.

비누를 처음 만들게 된 배경은 정확히 알려지지 않았다. 하지만 동서양을 막론하고 식물에서 추출한 기름을 잿물에 넣어 비누를 만드는 방법은 오래전부터 알려져 있다. 비누를 사용하면 때가 잘 지기도 하지만 미끌

비누 비누가 풀린 물은 표면장력이 약해져 거품이 잘 생긴다. 비누로 30초 정도 문지르고 씻으면 세균이 거의 떨어져 나간다. 비누를 '사분'이라고도 부르는데, 이는 포르투갈어인 사버웅(비누)에서 유래한 것으로 알려져 있다.

거리기 때문에 피부를 문지르거나 세탁물을 문지를 때도 편리했다. 머리를 감거나 목욕할 때는 향기가 좋은 비누를 사용하기도 했다. 쉽게 말해 비누 제조는 고대부터 시작된 중요한 화학산업이었다.

중국에서도 잿물에 식물의 기름을 넣어 비누를 만들었으나 동물의 기름을 사용하는 방법은 현대화학이 꽃피우기 전까지는 알려지지 않았다. 우리나라에서도 예로부터 잿물을 사용했으며 '비누'라는 우리말이 만들어진 때도 17세기로 알려져 있다. 서양의 문물(文物)이 들어오기 시작한 개화기에 지금 형태의 비누가 들어왔다.

의학자들과 역사학자들은 비누가 인류의 목숨을 가장 많이 구했다고 생각한다. 비누를 사용하게 되면서 더러워진 손발과 옷, 식기 등을 깨끗하게 씻을 수 있었기 때문이다. 특히 비누는 피부나 옷에 묻은 세균을 없애는 작용도 한다. 세균은 피부에서 분비된 지방질에 많이 붙어 산다. 옷도 마찬가지다. 비누칠을 해 손을 씻거나 세탁하면 지방질이 분해(탈지脫脂)되면서 세균도 함께 씻겨 나간다. 비누가 가진 약산성 물질은 세균의 세포막을 구성하는 기름 성분을 녹여 세포를 파괴시키는 작용도 한다.

드라이클리닝에는 어떤 화학물질을 쓸까?

짐승의 털로 만든 옷감이나 양탄자 등을 비누나 세제로 씻으면 본래의 형태가 변하고 탈색되기도 해 모직물을 버리기 십상이다. 가정에서 털 스웨터를 세탁기에 넣고 돌린 후 꺼내면 작은 옷으로 줄어들어 못 입게 되는 경우가 있다. 모직은 주성분이 단백질이기 때문에 세제와 같은 화학물질이나 열에 잘 변질된다. 따라서 동물의 털과 면을 가려서 세탁해야 한다.

고급 양복이나 코트, 목도리 등은 물로 빨지 않고 드라이클리닝(건조세탁) 방법으로 세탁해야 한다. 드라이클리닝이 처음 알려진 때는 19세기 중반이었다. 당시에는 휘발유나 등유, 시너, 벤젠, 톨루엔처럼 휘발성과 인화성이 강한 물질을 사용했는데, 이런 물질은 기름을 녹이는 성질이 있

털옷 면직이나 합성섬유로 만든 옷은 물 세탁이 가능하지만 양모가 섞인 옷은 드라이클리닝을 해야 한다.

어 세탁물을 넣고 휘저으면 옷에 묻은 기름기나 때(주로 유기물)가 잘 씻겨 내려갔다.

초기 드라이클리닝 용제('솔벤트')들은 모두 인화성(引火性)이 강해 화재 위험이 높았다. 세탁소 부근에 사는 이웃들이 불안에 떨 정도였다. 화재 위험이 적은 용제가 개발된 것은 1930년대였다. 당시 개발된 테트라클로로에틸렌(퍼클로로에틸렌)이라는 용제는 화학적으로 안정하면서 상온에서는 불타지 않았고 세탁력도 강했다. 오늘날 이 용제는 퍼크(perc)라고 부르며, 전 세계에서 드라이클리닝 용제로 쓰고 있다.

드라이클리닝에 사용한 퍼크를 아무렇게나 버리면 토양과 수질을 오염시키므로 세탁 후에는 100% 회수해 재사용해야 한다. 또한 휘발성이 강하며 흡입하면 어지럼, 두통, 의식 혼미 등을 일으키고, 간에도 악영향을 준다. 퍼크를 비롯해 기름기를 녹일 수 있는 물질은 피부를 상하게 하므로 맨손으로 만지는 것도 피해야 한다.

14
향수는 어떤 원료로 만들까?

옛사람들은 좋은 향이 나는 나무를 불태워 향을 만들었다. 연필을 깎으면 향긋한 향나무 냄새가 난다. 이 향은 지금도 절이나 교회, 제사 같은 의식에서 사용한다. 향을 피우는 행위는 좋은 향이 신에게까지 도달하기를 기원하는 의식의 일종이었다. 이집트의 클레오파트라 여왕은 배에 흰 백합을 가득 실어 강변 사람들이 멀리서도 향기로운 냄새를 맡을 수 있게

라일락 많은 식물은 곤충을 유혹하는 향기를 만들어 낸다. 향료 연구자들은 식물에서 나오는 향료를 뽑아내거나 인공적으로 합성하여 향수를 만든다.

했다고 전해진다.

오늘날의 향수는 주로 식물에서 자연 향을 추출한 것과 화학적으로 합성한 것, 이 두 가지를 적절히 배합해 만든다. 재스민, 장미, 백합, 난, 계피, 박하, 라일락 등의 식물은 강렬한 향기가 나는 기름 성분을 함유하고 있다. 사과, 바나나, 레몬 같은 과일과 코코아 열매, 허브 잎, 인삼의 뿌리 등에도 사람이 좋아하는 향이 있다.

이런 향료는 식물체를 수증기로 찌거나 화학적인 용제(다른 물질을 녹이는 물질)를 사용하거나 복잡한 화학반응을 거쳐 추출한다. 향수에는 향유고래나 사향노루 등 동물의 좋은 냄새를 추출하여 넣기도 한다. 오늘날에는 실험실에서 화학적 방법으로 여러 가지 향수를 만들고 있다.

소화기는 어떤 원리로 불을 끌까?

　나무나 종이, 휘발유, 전기 등 화재의 원인과 규모에 따라 사용하는 소화기의 종류가 달라진다. 불을 끌 때는 물을 뿌려 온도를 내리거나 거품이나 가루를 잔뜩 뿌려 산소를 차단하거나 이산화탄소를 뿜어내 산소를 밀어내거나 젖은 물건으로 차단하는 방법 등을 활용한다.

　가정이나 사무실 등에서 응급용으로 사용하는 붉은색 소형 고압 탱크 소화기(분말소화기)는 이산화탄소를 한꺼번에 내뿜어 주변 산소를 밀어내 불을 끄게 만든 것이다. 이 소화기는 내부에 흰색의 고체 가루인 탄산수소나트륨($NaHCO_3$)과 황산이 들어 있다. 이 두 물질은 평상시에는 분리되어 있는데, 사용 시 핀을 뽑고 손잡이를 당기면 두 물질이 섞이면서 화학반응을 일으켜 대량의 이산화탄소를 뿜어낸다.

　가정용 소화기는 종이나 나무, 천 등에 화재가 났을 때 초기 진압하는 데 편리하다. 하지만 휘발유나 가스 화재는 이산화탄소 소화기로 진압하기 어려울 수 있다. 일반 소화기의 사용 방법은 다음과 같다.

1. 안전핀을 뽑는다.
2. 불꽃으로부터 2~3m 떨어진 안전한 위치에서 이산화탄소를 뿜어낼 깔때기 모양의 노즐을 잡고 불꽃 쪽으로 향한다.
3. 손잡이를 당겨 조인다.
4. 이때 두 물질이 화합해 이산화탄소 가스가 뿜어 나온다. 소화기는 10~25초 동안 분사되므로 효과적으로 가스를 뿜어 진압한다.

고압 탱크에 액화된 이산화탄소가 저장돼 있어 화재 시 이를 강력하게 분사하는 소화기도 있다. 이산화탄소는 기체이지만 온도가 −78.5℃ 이하로 내려가면 액체로 변하지 않고 바로 고체 이산화탄소(드라이아이스)가 된다. 그리고 기온을 31.1℃로 설정해 이산화탄소를 5.1기압 이상으로 압축하면 액체 상태의 이산화탄소가 된다.

16
명주는 왜 질기고 따뜻할까?

나방은 애벌레를 거쳐 번데기가 된다. 번데기로 변할 때 거미줄 같은 실을 뽑아내 고치를 짓고, 그 속에서 어른벌레로 자란다. 누에나방은 특히나 큰 고치를 만든다. 약 5,000년 전부터 중국 왕실에서는 누에나방의 고치에서 가늘고 흰 실을 뽑아내 여러 가닥을 꼬아 명주실을 만들고 그 실로 천을 짜서 옷을 만들었다.

누에나방의 학명은 Bombys mori이며 소나 개가 가축화되었듯이 인간의 돌봄을 받아야 안전하게 살아가는 가축화된 곤충이다. 꿀벌도 가축화된 곤충이다. 누에나방은 자연 속에서 홀로 살아가지 못하며 반드시 사람 손으로 키워야 한다.

로마와 그리스 사람들은 중국의 비단을 접하고 중국에서 이를 수입해 유럽까지 운반해 왔다. 실크로드(silkroad)는 중국의 비단을 육로로 운반하던, 중국과 유럽을 연결하는 머나먼 대륙의 길을 말한다.

유럽과 중동의 국가들에서는 명주실 짜는 방법을 알고 싶어 했으나 중국 왕실에서는 이를 비밀에 부쳤다. 이들 국가에서는 명주실이 나오는 명주나무가 따로 있다고 생각할 정도였다. 중국 왕실의 비밀은 무려 3,500년 동안이나 공개되지 않았다. 그러다 서기 552년, 중국에서 승려로 살던 두 페르시아(지금의 이란) 사람들이 누에나방의 알과 누에가 먹는 뽕나무 씨를 대나무 통에 숨겨 돌아갔다.

당시 누에알과 뽕나무 씨 절도는 큰 범죄였다. 명주실을 생산하는 방법이 세계적으로 알려진 때는 그로부터 약 500년이 더 지난 뒤였다. 우리나라에는 약 2,100년 전에 알려졌다. 문익점이 1363년(고려 공민왕 때)에 목화씨를 중국에서 가지고 온 것이다.

누에(나방의 애벌레)가 입(구기口器)에 있는 침샘에서 만들어 낸 실은 세리신(sericine)이라는 단백질의 일종이다. 세리신은 굵기가 100분의 1mm 정도로 가늘기에, 1개의 고치에 300~900m의 실이 감겨 있다. 이 가는 실을 5~10가닥 꼬아 한 가닥의 굵은 실로 만들고, 이를 다시 여러 가닥 꼬아 더 굵은 실을 만든다. 명주실은 자연 섬유 중에서 가장 질기고 가벼우며 감촉이 부드럽고 보온성이 좋다.

누에와 고치 누에는 하얀 고치를 만들어 그 속에서 번데기가 된다. 고치 속 번데기가 성충으로 변태하기 직전 고치를 물에 삶으면 번데기는 죽고 실이 잘 풀어져 나온다. 번데기는 곤충식(단백질 식품)으로 이용된다.

누에고치의 성분인 세리신은 촉감이 대단히 부드럽다. 로션이나 비누, 샴푸 등이 대단히 부드러운 이유는 제조할 때 세리신을 첨가하기 때문이다.

17
거미줄은 왜 비를 맞아도 무너지지 않을까?

거미가 먹이를 잡기 위해 뽑아내는 거미줄은 놀라운 물질이다. 우선 매우 가느다랗지만 커다란 곤충이 걸려도 끊어지지 않는 강인성이 있고 들어붙은 곤충이 떨어져 나갈 수 없는 강력한 접착력을 가지고 있으며 탄성이 크고 비를 맞아도 세균에 잘 상하지 않는다. 거미줄은 생물학적으로나 화학적으로 신비한 수수께끼다.

거미는 종류가 매우 많고, 그 종류에 따라 거미줄의 성분이나 거미줄을 치는 방법, 생존 방법 등이 다양하다. 거미의 꽁무니에는 여러 개의 거미줄 샘이 있는데, 종류에 따라 샘의 수가 다르고, 각 샘에서 나오는 거미줄의 성분에도 차이가 있다. 어떤 거미는 7종류의 각기 다른 성분으로 이루어진 거미줄을 만들어 낸다. 거미줄의 성분은 일종의 단백질인데, 거미줄이 만들어지는 과정이나 정확한 성분 등에 대해서는 아직 알려지지 않은 부분도 있다.

아침 햇살이 반짝일 때는 거미줄이 눈에 잘 보이지만 그늘진 곳에서는 거의 보이지 않는다. 사실 사람의 눈은 1,000분의 25mm보다 가느다란 것은 볼 수 없다. 거미줄의 두께는 평균 1,000분의 0.15mm이고 아주 가는 것은 1,000분의 0.02mm이다. 그럼에도 거미줄이 보이는 이유는 거미줄이 빛을 반사하기 때문이며, 거미줄에 물방울이나 다른 먼지 등이 묻어 있기 때문이다. 거미줄은 눈에 보이지 않을 정도로 가늘지만 최고 속도로 날아가던 벌이 걸려들어도 끊어지지 않고 붙잡는다.

거미줄은 탄성이 매우 크다. 강풍이 불 때 거미줄이 걸린 나뭇가지가 흔들리면 거미줄도 늘어나거나 줄어든다. 거미줄은 탄성이 고무줄 같아 잘 늘어나고 다시 오그라든다.

비를 맞거나 세균이나 곰팡이가 생겨도 파괴되지 않는다. 한번 쳐둔 거미줄은 며칠이 지나고, 도중에 비를 맞아도 그대로 남아있다. 거미줄에 함유된 피롤리딘, 인산수소칼륨, 질산칼륨이라는 세 가지 화학 성분 때문 이다. 피롤리딘(pyrrolidine)은 수분을 흡수하는 성질이 있어 거미줄이 메 말라 끊어지거나 탄성을 잃는 것을 막아주고, 인산수소칼슘과 질산칼슘 은 산성 물질이어서 세균이나 곰팡이가 번식하지 못하도록 하고 거미줄 이 물에 녹아 풀어지는 것을 막아준다. 과학자들은 아직 우리가 모르는 거 미 몸속 화학공장에 숨겨진 신비를 밝히려고 노력 중이다.

미국의 듀폰사가 1965년에 발명한 케블라(kevlar)라는 인조섬유는 거 미줄보다 더 가볍고 질겨 로프, 방탄복, 보호 장갑, 경기용 카누, 자전거 타이어, 테니스 라켓, 스마트폰 케이스 등을 제조하는 원료로 쓰인다.

섬유, 가죽, 종이를 염색할 때 쓰는 색소는 무엇일까?

붉은 양배추의 잎, 딸기와 수박, 붉은 장미의 잎에는 빨간 색소가 포함되어 있고, '치자'라는 식물의 열매는 노란색, 가지는 진한 보라색 색소를 띠며, 잎에는 엽록소를 만드는 녹색 색소가 들어 있다. 옛사람들은 음식이나 천, 동물의 가죽 등을 자연에서 추출한 색소로 염색했다. 하지만 식물에서 얻을 수 있는 색소는 많지 않고 대량 얻기가 쉽지 않았으므로 선조들은 염색하지 않은 흰 무명옷을 주로 입었다.

화학 공부를 좋아했던 영국의 화학자 윌리엄 퍼킨(William Henry perkin, 1838~1907)은 17세 때부터 집에 실험실을 차리고 화학반응 실험을 했다.

아닐린 보랏빛을 내는 합성염료 아닐린 퍼플로 염색한 옷

1856년에 그는 아닐린이라는 물질과 중크롬산칼륨을 혼합했을 때 자주색 물질이 생긴다는 사실을 발견했다. 그는 이 물질을 인공 염료로 사용할 수 있으리라고 생각해 특허를 얻은 뒤 아닐린 퍼플(aniline purple)이라는 이름으로 시장에 내놓았다.

아닐린 퍼플은 최초의 인공 합성염료였으며, 천연색소보다 훨씬 아름다운 보라색으로 천을 물들였다. 그는 가족의 도움을 받아 이 색소를 직접 생산하는 회사를 설립해 23세에 세계적으로 유명한 염료계의 왕자가 되었다. 그는 훗날 바나나 향기가 나는 물질도 합성했다.

퍼킨이 처음 합성색소를 만든 후부터 수많은 화학자들이 수백 수천 가지 인공색소를 개발했다. 오늘날 옷감을 비롯한 가죽, 플라스틱 제품, 페인트, 식품, 그림물감, 잉크, 머리카락 염색약, 색종이, 컬러 프린터의 잉크 등을 만드는 색소는 거의 모두 인공적으로 합성한 것이다. 여성들은 붉은 색소가 포함된 립스틱 화장품을 애용한다.

인공색소에는 몇 가지 중요한 조건이 있다. 염색이 잘 되면서도 쉽게 탈색하거나 씻겨 나가지 않고 인체에 해가 없어야 한다. 색소를 연구하는 색소 화학자들의 공헌으로 오늘날과 같은 다채로운 색의 세계가 탄생했다. 합성색소는 지금도 끊임없이 개발되고 있다.

19
꽃과 과일의 색이 다채로운 이유는 뭘까?

화려한 색으로 치장한 꽃이나 오렌지, 당근, 호박, 옥수수, 토마토, 버섯, 낙엽, 플라밍고 등의 새, 금붕어, 연어, 새우, 게, 바닷가재, 달걀 노른자 및 단세포 하등 미생물 생명체가 가진 노랑, 주황, 빨강 등의 색은 카로티노이드(carotinoid)라 불리는 자연의 색소들이다.

자연색소에는 생명체들이 가진 색소(생물색소)를 비롯해 광물색소까지 포함된다. 생물색소에는 식물이 가진 색소뿐만 아니라 동물의 피부, 눈,

털 등이 가진 색 물질도 모두 포함된다. 생물색소는 생명체를 아름답고 건강하고 강하게 보이도록 할 뿐만 아니라 식물의 경우 꽃가루를 운반할 곤충을 유혹하고 동물의 경우 짝짓기 상대를 유인하는 도구가 된다.

식물의 잎, 꽃, 열매의 색을 드러내는 자연색소에는 엽록소, 카로티노이드, 안토시아닌이라는 세 가지 색소가 있다. 이 중 카로티노이드에는 1,100종이 넘는 성분이 있다.

알파 카로티노이드, 베타 카로티노이드, 감마 카로티노이드, 루테인, 라이코펜, 크리프토산틴, 지산틴, 아포카로틴 등은 카로티노이드에 속하는 색소 종류다. 카로티노이드는 분자 속 산소 유무에 따라 나뉘기도 하는데, 산소가 있으면 크산토필, 없으면 카로틴이라 한다.

화려하고 다채로운 꽃의 색깔은 곤충이나 동물을 유인한다. 광합성을 하려면 태양 에너지를 많이 흡수해야 한다. 카로티노이드는 광합성에 필요한 파장의 빛을 잘 흡수해 그 에너지를 엽록소에 공급함으로써 광합성이 효과적으로 일어나게 한다.

식물의 중요 색소 카로티노이드

호박, 고구마, 당근, 감, 감귤, 고추, 딸기 등에는 베타 카로틴과 라이코펜과 같은 카로티노이드가 다량 함유돼 있다. 이는 눈 건강에 필요한 비타민-A를 만드는 물질이기도 하다.

카로티노이드 화합물들은 햇빛을 받으면 녹색에서 청색에 해당하는 (파장 400~550nm) 빛을 흡수한다. 따라서 카로티노이드는 흡수되지 않은 노란색에서 붉은색 사이의 빛만 반사하기 때문에 여러 가지 꽃과 낙엽이 우리가 아는 색으로 보이는 것이다.

공작새 새의 깃털, 파충류와 양서류의 피부, 금붕어와 온갖 물고기의 비늘 속에도 카로티노이드가 함유돼 있다. 이 색은 짝을 유도하는 매력 요소로 작용한다. 카로티노이드는 식물만 합성할 수 있으며 동물의 피부, 비늘, 깃털, 외골격 등에 포함된 카로티노이드는 먹이(식물)를 통해 유입된 것이다.

단풍잎에는 엽록소와 함께 여러 가지 카로티노이드가 포함되어 있다. 평소에는 진한 녹색이라 보이지 않다가 기온이 내려가면 엽록소가 파괴되면서 녹색이 없어지고 숨어 있던 단풍색이 드러난다. 카로티노이드는 단풍이 드는 잎에 가장 많이 포함된 색소다. 단풍색이 다양한 이유는 다른 천연색소인 안토시아닌과 함께 섞여 있기 때문이다.

붉은색을 만드는 안토시아닌

단풍잎에는 붉은색을 가진 안토시아닌이라는 색소도 생겨난다. 이 색소는 빨간 무, 붉은 양배추, 장미, 제라늄 등의 붉은빛과 보라색, 청색을 만든다. 안토시아닌은 화학적으로 하나의 화합물이지만 주변의 산성도(酸性度)에 따라 붉은색, 보라색, 청색으로 보인다. 은행나무 낙엽의 노랑색은 플라보노이드(flavonoid)라는 색소다. 밤나무와 같은 식물의 잎에는 타닌(tannin)이 많아 갈색 낙엽이 된다.

순간접착제는 왜 빨리 굳을까?

옛사람들은 자연에서 얻은 물질로 여러 가지 풀을 개발해 접착에 이용해 왔다. 밥풀로 종이를 붙이면 아주 단단히 붙는다. 솔방울이나 잣나무 열매를 만지면 접착력이 있는 송진이 끈끈하게 묻어나온다. 선조들은 쌀이나 밀가루(전분)를 끓여 만든 풀로 문종이를 붙이고, 책을 제본하기도 했다.

과거에는 이처럼 곡식이나 식물의 수액, 뼈나 가죽을 고아 만든 아교, 해초를 달여 만든 물질 등을 풀로 사용했다. 제2차 세계대전 때는 달걀 흰자(알부민이라는 단백질 성분)가 접착력이 강하다는 것을 알고, 비행기 동체를 단단히 붙이는 데 쓰기도 했다.

오늘날에는 수천 가지 풀(접착제)을 화학적으로 합성해 만들고 있다. 우표나 봉투에도 접착제가 발려 있고, 포스트잇(Post-it)이라는 접착 메모지는 여러 번 붙였다 뗐다 할 수 있는 발명품이다. 반창고, 광고 스티커, 파리 잡는 끈끈이, 고무를 접착하는 본드, 타일을 벽에 붙이는 접착제뿐 아니라 유리, 쇠 등을 가리지 않고 단단하게 붙이는 초강력 접착제도 있다.

외과수술실에서는 상처를 실로 꿰매지 않고 특수한 순간접착제로 붙이기도 한다. 오늘날 인공접착제는 과거의 자연접착제보다 강력하고, 물이나 화학약품에도 잘 견딘다.

접착제의 종류와 용도는 날로 늘어나고 있다. 자동차나 비행기를 조립할 때도 특수한 접착제를 쓰는데, 용접이나 리벳(나사못 종류)으로 결합하는 것보다 비행기 무게를 많이 줄일 수 있기 때문이다. 좋은 접착제는 가볍고, 비행기가 심하게 진동해도 떨어지지 않는다. 자연산 풀은 따뜻한 물에 들어가면 대개 녹지만, 인공접착제는 물에 용해되지 않는다.

순간접착제의 성분

플라스틱, 고무, 유리 등 무엇이든 접착시킬 수 있는 순간접착제(강력접착제)는 1942년 미국의 화학자 해리 쿠버(Harry Coover, 1917~2011)가 처음 합성했다. 1951년부터 상품화되기 시작한 순간접착제는 물이나 화공약품에도 강하며, 굳는 속도가 빠르고 매우 단단하게 접착되기 때문에 세계적인 상품이 되었다.

손가락에 묻으면 손가락이 붙어 떨어지지 않는 이 접착제의 성분은 시아노아크릴레이트(cyanoacrylate)라는 화합물이다. 이 물질은 공기 중의 수분과 즉시 반응해 굳어지는 성질을 가졌으며, 명함 한 장 크기의 접착 면적으로 12t 트럭을 끌 수 있다.

수술 자리를 봉합하는 데 쓰는 순간접착제도 이에 속한다. 순간접착제는 금속이나 도자기, 유리, 플라스틱 등을 붙이는 데는 적당하지만, 섬유나 목재처럼 틈새가 많은 물체를 접착하는 데는 적절하지 않다.

범죄를 수사하는 요원들은 범인의 지문을 찾을 때 시아노아크릴레이트 성분이 포함된 특별한 스프레이를 사용한다. 모든 지문에는 피부에서 분비된 지방질이 미량 포함돼 있으며, 이 물질은 지문의 지방질과 결합해 지문 주변에 흰 자국을 드러낸다.

순간접착제를 잘못 만져 응급실을 찾는 경우가 있다. 피부에는 수분이 있고 순간접착제는 습기를 좋아해 피부와 쉽게 접착한다. 또한 의료용 반창고에는 순간접착제 성분이 미량 포함되어 있어 습기가 있는 피부에도 접착해 피부를 보호할 수 있다.

셀로판테이프에는 어떤 접착제가 쓰일까?

오늘날 사용하는 모든 접착제는 화학공업의 중요한 제품이다. '스카치테이프'라는 상품명의 셀로판테이프는 셀로판 뒷면에 투명한 접착제가 발려 있어 종이나 사진 등을 붙이는 데 편리하다.

셀로판테이프에 칠해진 접착제는 천연고무와 '테르펜 수지'라는 화학물질이 주성분이다. 셀로판테이프는 사용하기 편리하도록 일정한 폭(일반적으로 12mm)으로 둥글게 감아(롤) 판매 중이다. 롤 형태가 되려면 앞뒷면이 서로 붙으면 안 되기 때문에 테이프 뒷면에 접착제가 작용하지 않는 물질을 발라둔다.

질이 좋은 셀로판테이프는 접착력도 좋아야 하지만 장시간 접착력이 변하지 않아야 한다. 셀로판테이프 중에는 양면에 접착제를 바른 것도 있다. 롤(말이) 형태의 접착테이프는 셀로판테이프만 아니라 종이테이프나 전선을 싸는 데 사용하는 전선 테이프 등 여러 가지가 있다.

눈이 오면 왜 염화칼슘을 뿌릴까?

흐린 날 접시에 소금을 담아두면 점점 축축해지다가 나중에는 완전히 물에 젖은 상태가 된다. 이처럼 고체가 공기 중 습기를 흡수해 액체로 변하는 것을 조해(潮解)라 한다. 소금뿐만 아니라 수산화나트륨과 염화칼슘(CaCl$_2$)도 물에 잘 녹으면서 습기를 쉽게 빨아들이는 조해 성질이 강한 고체다.

눈이 내릴 때 염화칼슘을 뿌린 곳은 눈이 훨씬 빨리 녹아 질펀해진다. 염화칼슘이 녹은 물은 기온이 -50℃ 가까이 내려가도 잘 얼지 않는다. 물에 소금이나 설탕과 같은 다른 물질이 녹아 있으면 어는 온도가 0℃ 보다 훨씬 내려가기 때문이다. 이를 빙점강하(氷點降下) 현상이라고 한다.

상품에 함께 넣는 습기제거제의 흰색 입자(제습제)도 염화칼슘이다. 염화칼슘은 액체 상태에서도 수분을 흡수하는 성질은 그대로 남아 원래 무

빙점강하 기온이 영하로 내려가도 얼어 죽지 않는 추위에 강한 식물이 있다면 그건 잎과 줄기의 수분 속에 포함된 당분과 염분의 농도가 높기 때문이다. 물에 녹은 물질들은 빙점강하 현상이 일어나 잘 얼지 않게 한다.

게보다 50배 이상의 물을 빨아들인다. 염화칼슘을 뿌린 도로는 주변의 땅은 말라 있어도 한동안 젖은 상태로 있다. 땅에 남은 염화칼슘이 공기 중의 습기를 흡수하기 때문이다.

염화칼슘은 소금(염화나트륨)에 비해 값이 조금 더 비싸다. 하지만 소금보다 눈을 잘 녹여 더 많이 사용한다. 염화칼슘은 자동차의 몸체나 철근 등에 묻으면 철과 화합해 부식시키는 성질이 있으므로 지나치게 사용해서는 안 된다. 또 염화칼슘이 녹아 냇물이나 강물에 흘러들면 오염원이 될 수도 있다.

알루미늄 은박지는 왜 쉽게 찢어지지 않을까?

김밥을 싸거나 생선을 구울 때 많이 사용하는 알루미늄 포일(aluminium foil)은 말 그대로 금속 알루미늄을 종이처럼 얇게 만든 평판이다. 알루미늄 포일이 나오기 전인 19세기 말부터 20세기 초까지는 아연으로 만든 은박지를 사용하다가 1910년 스위스에서 알루미늄 포일이 처음 개발되면서 오늘에 이르렀다. 알루미늄 포일은 아연 포일보다 부드러워 음식을 더 밀착하여 쌀 수 있다.

알루미늄 포일의 주원료인 알루미늄은 산소, 규소 다음으로 지구에서 쉽게 구할 수 있는 풍부한 물질이다. 알루미늄은 물보다 2.7배 정도 무겁지만, 철의 3분의 1 정도라 가볍다. 알루미늄 포일의 두께는 0.025mm 이상이다. 이보다 더 얇으면 작은 구멍이 생기기 쉽다.

알루미늄 포일이 잘 찢어
지지 않는 이유는 포일 양면을
매우 얇은 비닐로 덮어 쌌기
때문이다. 평면 위에 얇은 비
닐 막을 덮어 서로 밀착시키는
것을 라미네이팅(laminating)이
라 한다. 비닐 대신 종이를 라

반찬통 알루미늄 포일의 두께는 최소 0.025mm이
다. 두꺼운 포일은 음식을 담는 용기 제조에 쓰인다.

미네이팅하기도 한다. 알루미늄 포일은 빛, 공기, 물, 냄새, 세균 등 그 무
엇도 통과하지 못한다. 알루미늄 포일은 빛과 열을 잘 반사하기 때문에 방
열판으로도 사용한다. 알루미늄 포일은 한 면이 더 반짝이는 것처럼 보이
는데, 이는 제조 과정에서 자연스럽게 발생하는 현상으로 실제론 어느 쪽
으로 음식을 싸도 상관없다.

24
표백제는 어떻게 색깔을 지울까?

락스, 옥시크린, 팍스, 브라이트 등의 상품명으로 알려져 있는 표백제
(탈색제)의 성분은 모두 하이포염소산($NaClO$)을 물에 녹인 수용액이다. 하
이포염소산(차아염소산나트륨)에서는 산소 원자가 분리돼 나와 색소와 화합
해 산화반응을 일으킨다. 색소 분자의 화학 성분이 변하면 색을 잃어버리
는 탈색 현상이 나타난다. 차아염소산나트륨은 살균소독제 역할도 한다.

그러나 이 표백제로 은수저를 닦으면 염소 성분이 은과 화학반응을

일으켜 검게 변색된다. 표백제와 비슷한 성질을 가진 것으로 과산화수소 (H_2O_2)가 있다. 과산화수소는 물과 성분이 같지만 산소 원자를 하나 더 갖고 있다. 과산화수소는 산소 원자를 방출해 강력한 산화반응을 일으키는 성질이 있으므로 이 물질이 묻은 종이는 금방 누렇게 변할 수 있다. 또한 과산화수소에서 나오는 산소 원자는 세균의 몸에 화학변화를 일으켜 죽게 만든다.

과산화수소 원액은 매우 위험하다. 약국에서 소독약으로 판매하는 과산화수소는 1~3% 정도로 물에 희석한 용액으로, 안전하게 살균 작용을 하고 탈색 작용도 할 수 있다.

25
아교풀은 왜 접착력이 강할까?

선조들은 동물의 가죽, 뼈 등을 고아 점성이 강한 하이드로젤(반고체 상태의 물질)을 걷어내 말린 후 이를 강력한 접착제로 사용해 왔다. 이를 아교 또는 아교풀이라 부르는데, 현대의 화학기술로 생산되는 인공접착제가 나오기 이전에는 건축, 가구, 무기 제조 등에 주로 사용했던 가장 강력한 풀이었다.

시중에 판매되는 아교는 완전 건조된 것이지만, 물을 첨가해 끓이면 점액성 풀이 된다. 아교풀은 식으면 굳어지면서 매우 단단하게 접착한다. 붓글씨에 사용하는 먹은 검댕을 아교로 굳힌 것이다.

아교풀과 비슷한 물질 중에 한천(寒天, 우무)이 있다. 실험실에서 미생물

두부 두부는 하이드로젤이 아니다. 달걀을 삶으면 열을 받으면 응고하는 단백질의 성질 때문에 액체에서 고체로 굳는다. 하이드로젤처럼 보이지만 두부는 콩의 단백질이 굳은 것이다. 응고된 단백질은 본래 상태로 돌아가지 않는다.

이나 조직을 배양할 때 사용하는 배양액은 영양소와 한천(agar)을 섞어 만든 것이다. 한천은 해초(海草)의 한 종류인 우뭇가사리를 열탕(熱湯)에서 우려내 만든 하이드로젤 종류다. 여기에는 아가로스와 아가로펙틴이라는 탄수화물이 녹아 있다.

건조된 아가로스(아가)는 흰색 가루지만 물을 첨가해 끓이면 투명한 액체 상태로 용해되고 이를 냉각시키면 반고체인 젤이 된다. 아가에 영양소를 첨가해 적당량의 물을 넣어 끓이면 미생물이나 세포를 배양할 수 있는 배양액이 된다.

우무(우무묵)라 불리는 투명한 젤 상태의 식품은 한천의 아가로스 성분으로 만든 것이다. 위장에서 소화가 잘 안 되고 영양가가 거의 없는 식품이다. 양갱은 한천을 첨가해 반고체 상태로 만든 식품이다.

주머니 난로는 어떻게 장시간 열을 낼까?

옛사람들은 겨울철에 먼 길을 떠날 때 장작불에 구워 천으로 싼 돌이나 기와 조각을 갖고 다니며 시린 손과 몸을 녹이곤 했다. 오늘날에는 겨울 낚시를 가거나 등산할 때 지갑 크기의 주머니 난로(일명 손난로)를 가져가기도 한다. 조그마한 손난로는 자극을 주는 순간부터 뜨거워지기 시작하며 열기를 30분에서 12시간 이상 유지할 수 있다.

주머니 난로에는 고운 철가루와 탄소가루, 소금과 수분이 적당한 비율로 섞여 있다. 주머니 난로는 내용물에 충격이 가해져 안에 든 비닐 주머니가 터지면 쇳가루가 든 봉지 속으로 산소가 들어가 철과 산화반응을 일으키는 원리로 뜨거워진다.

쇠가 녹이 스는 이유는 철이 산소와 산화반응을 일으키기 때문이다. 산화반응이 일어나면 열이 발생한다. 쇠가 녹슬 때는 화학반응이 천천히 일어나기 때문에 열이 나도 잘 느끼지 못한다. 하지만 주머니 난로의 쇳가루는 먼지처럼 미세해 산소와 접촉하는 면적이 넓다. 따라서 수많은 쇳가루 표면에서 산화반응이 동시에 대규모로 일어나 상당한 열이 발생한다.

쇳가루에 순수한 산소를 공급하면 불꽃이 일어날 정도로 온도가 매우 높아진다. 주머니 난로에 섞인 탄소 가루나 소금은 산화반응이 적당한 속도로 진행되도록 조절하는 작용을 한다. 주머니 난로는 일회용이며 재사용이 불가능하다. 폐기해도 환경을 오염시키는 원인 물질은 없다.

여러 디자인으로 판매되는 주머니 난로 중에는 재사용이 가능한 라이터 크기 제품도 있다. 이것은 벤젠(가솔린과 비슷한 물질)을 산화시켜 열을 내도록 만든 것이다.

온열 찜질기는 어떻게 장시간 열을 낼까?

비닐 주머니로 만든 핫팩에는 물처럼 보이는 액체가 들어 있으며 구석에 작은 금속조각이 붙어 있다. 이 금속에 충격을 주면 열이 나기 시작하고, 액체 상태였던 내부 물질은 차츰 고체로 변해간다. 이때부터 따뜻한 열기가 나와 장시간 몸을 따뜻하게 해준다.

핫팩은 히트 팩(heat pack)이라고도 한다. 핫팩 속에 채워진 것은 물과 아세트산나트륨이라는 물질이다. 물에 녹은 아세트산나트륨은 많은 열에너지를 저장하고 있지만 자극을 받기 전까지는 열을 방출하지 않는다. 심하게 흔들거나 자극을 주면(금속을 굽히는 등) 저장돼 있던 열을 밖으로 방출(발열 반응)하기 시작하고 열이 방출되면 고체 상태가 된다.

이러한 변화는 얼음과 물의 관계와 비교할 수 있다. 고체인 얼음에 열을 가하면 녹아 액체가 된다. 이때 물은 얼음일 때보다 많은 열을 저장하고 있다. 반대로 물이 얼음으로 변할 때는 열을 내놓는다. 눈이 오기 직전에 기온이 포근해지는 것도 수증기기 고체인 눈으로 변하면서 열을 방출하기 때문이다.

핫팩 제조에 사용되는 열 방출 물질은 여러 가지다. 그중 아세트산나트륨은 인체에 무해해 안심하고 사용할 수 있다. 열을 방출하고 식으면서 고체가 된 핫팩을 끓는 물에 넣어 10~15분간 두면 흡열반응이 일어나 다시 액체가 된다. 따라서 여러 차례 재사용할 수 있다.

핫팩은 근육이나 신경, 뼈 등을 치료하는 데 주로 이용한다. 냉동 창고처럼 추운 곳에서 장시간 일하는 사람도 핫팩을 지참해 추위를 견디기도 한다.

28

치약에는 어떤 성분이 들어 있을까?

치약은 치아를 깨끗이 하고 입안의 냄새를 제거하며 구내 세균을 죽여 충치를 예방하는 역할을 한다. 치약은 주로 플라스틱 튜브 형태로 제조되는데, 액체처럼 생긴(반고체 상태) 젤라틴에 여러 성분을 첨가해 만든다.

소나 돼지의 뼈를 끓인 국물(곰탕)이 식으면 위에 우무처럼 생긴 반고체 물질이 뜬다. 이는 단백질 성분의 콜라겐(collagen)이다. 젤라틴은 이 콜라겐을 가공해 만든 것이다. 젤라틴은 무색 투명하고 특별한 맛이 없으며, 액체와 고체의 중간 물질이다. 달콤하면서 말랑한 젤리나 캐러멜, 양갱, 치약, 연고 등은 모두 젤라틴 속에 설탕이나 약품을 넣어 만든다.

치약은 젤라틴에 몇 가지 성분을 넣어 만드는데, 대체로 치아 표면에 붙은 음식물(치석)을 연마하는 연마 가루, 단맛을 내는 인공감미료, 세균을 죽이는 과산화수소와 항생물질, 거품을 일으키는 물질(SLS), 박하를 비롯한 향료, 색소 등이 첨가된다.

SLS는 샴푸 제조에도 쓰인다. 규조토는 모래와 똑같은 성분에 미립자이고 삼켜도 인체에 무해하므로 연마 가루로 쓰인다.

치약이 나오기 이전에는 소금을 주로 썼다. 지금처럼 튜브에 넣는 치약은 1900년경 미국에서 처음 나왔다. 1914년부터는 불소가 충치 예방 효과가 있다고 알려져 많은 치약에 플루오르화나트륨(NaF)이라는 불소 성분을 소량 혼합하고 있다. 불소는 인체에 해로울 수 있어 불소치약은 삼키지 않도록 유의해야 한다. 특히 아기용으로 불소치약은 적합하지 않다.

입안에 음식 찌꺼기가 남아 있으면 세균이 번식하기 좋은 환경이 된다. 세균에 의해 음식이 상하면 산성 물질이 생기므로 치아의 단단한 표면을 녹여 구멍을 낸다. 따라서 자기 전에 꼭 양치를 하는 습관을 들이는 것이 충치 예방에 도움이 된다.

29
종이 기저귀는 왜 젖어도 보송보송할까?

기저귀는 아기가 대소변을 가리기 전까지 사용한다. 과거에는 천연섬유(주로 면)로 만든 기저귀를 사용했지만, 지금은 세탁할 필요가 없는 일회용 종이 기저귀를 많이 쓴다.

종이 기저귀에는 화학자들이 발명한 아크릴로나이트릴(acrylonitrile)이라는 놀라운 물질이 들어 있다. 화학섬유와 천연섬유(또는 녹말)를 혼합해 만든 이 물질은 원래 무게보다 50~400배에 달하는 무게의 물을 머금을 수 있다. 일반 휴지는 약 10배까지 물을 흡수하고 압력을 주면 물이 다시 빠져나온다. 아크릴로나이트릴로 만든 물질은 물이 가득 배어 있어도 보송보송한 상태를 유지한다.

1970년대에 화학자들이 수분을 잘 흡수하는 물질을 처음 개발하자 이를 제일 먼저 기저귀로 사용한 사람은 놀랍게도 아폴로 우주선의 우주비행사들이었다. 이 비행사들은 우주복을 입고 선외에서 활동할 때 6시간 이상 소변을 참아야 했다. 지금도 우주선을 타는 비행사들은 성인용 종이 기저귀 3개를 가지고 간다. 하나는 우주선을 발사할 때 착용하고, 하나는 지구로 재진입할 때, 그리고 나머지 하나는 비상용으로 쓴다.

종이 기저귀는 장시간 잠수해야 하는 잠수부나 용변을 잘 가릴 수 없는 노인 및 환자도 사용한다. 종이 기저귀의 수분 흡수량은 제품에 따라 다소 차이가 있다. 종이 기저귀는 불에 태워도 유해 가스가 발생하지 않는다.

30
성냥이 물에 젖으면 왜 불이 붙지 않을까?

성냥은 1805년부터 유럽에서 사용하기 시작해 많은 개선 과정을 거쳐 오늘에 이르렀다. 성냥이 나오기 전에는 불씨를 얻을 때 원시적인 방법(부싯돌 사용 등)을 썼다. 우리나라에서는 1910년에 처음으로 성냥 공장이 생겼다.

오늘날 일반적으로 사용하는 성냥의 머리에는 염소산칼륨($KClO_3$)과 황(S)을 접착제로 갠 것이 동그랗게 붙여져 있다. 성냥갑 표면에는 적린(赤燐)과 유리 가루를 섞어 접착제로 발라둔다. 성냥 머리를 이 부분에 대고 재빠르게 마찰시키면 마찰열에 의해 성냥 머리에 불이 붙는다. 성냥 머리의 주성분인 황(S)이라는 노란색 원소는 비교적 낮은 온도에서 점화돼 푸른색 빛을 내며 잘 탄다. 한편 염소산칼륨은 산소를 방출해 황에 빨리 불붙도록 점화(點火)를 돕는다.

젖은 성냥을 말려도 불이 붙지 않는 이유는 염소산칼륨이 물을 흡수해 녹아버렸기 때문이다. 성냥 머리에 함유된 풀이나 성냥갑에 바른 접착제도 수분을 흡수하면 눅눅해져 마찰 효과가 줄어든다. 오늘날의 성냥은 과거에 비하면 매우 안전하게 제조되고 있어 안전성냥이라 부른다.

31
안전성냥과 딱성냥은 어떻게 다를까?

안전성냥은 돌이나 마른나무에 마찰시켜 불을 붙이려 해도 불이 잘 붙지 않는다. 안전성냥의 성냥갑에는 불이 잘 붙는 성질을 가진 붉은 인(적린 赤燐)과 유리 가루를 아교에 섞은 물질이 칠해져 있다. 성냥 머리를 이곳에 대고 마찰시키면 유리 가루와의 마찰로 인한 열이 발생해 성냥갑의 적린에 먼저 불이 붙고 성냥의 머리로 옮겨 간다.

성냥갑의 거친 면이 아니더라도 돌이나 시멘트 등 단단한 물질에 마찰

가스레인지　가스레인지는 스위치를 돌리는 압력에 의해 특수한 결정체에서 전류가 발생한다. 이 전류는 전기 스파크를 일으켜 가스에 불을 붙인다. 압력에 의해 전기가 발생하는 현상을 압전효과(壓電效果)라 하며, 가스라이터도 압전효과에 의해 점화된다.

시키면 불이 붙는 성냥을 딱성냥이라 한다. 딱성냥의 머리에는 적린이 함유돼 있다. 적린은 240℃를 넘으면 불이 붙는다.

적린을 이용한 딱성냥이 나오기 전에는 흰색의 인(백린白燐)을 사용한 성냥이 잠시 보급됐다. 백린을 넣은 성냥은 더 낮은 온도에서도 불이 붙었기 때문에 매우 위험했고 화재가 자주 발생했다. 그뿐만 아니라 인체에 매우 유독하기도 했다.

1세기 이상 생활필수품이었던 성냥이 자동점화장치와 가스라이터가 보급되면서 점차 사라지고 있다.

32
전지에는 왜 전류가 흐를까?

최초의 전지는 1799년 이탈리아의 과학자 알렉산드로 볼타(Alessandro Volta, 1745~1827)가 발명했다. 전지는 영어로 electric battery(전기 배터리) 또는 electrochemical cell(전기화학 셀)이라고 하는데, 주로 배터리 또는 셀이라고 한다. 전지, 하면 손전등이나 벽시계 등에 끼워 사용하는 원기둥 모양의 1.5볼트 건전지가 떠오를 것이다.

손목시계나 계산기 등에는 손톱보다 작은 '단추 전지'를 넣어 쓴다. 휴대전화, 디지털카메라, 전기면도기, 노트북 컴퓨터에는 또 다른 형태의 전지가 들어 있다. 자동차 보닛을 열어보면 시동을 걸고 차가 움직이는 데 필요한 전력을 공급하는 커다란 자동차 배터리가 있다. 이 외에 태양전지, 연료전지, 원자력전지도 있다. 한마디로 전지는 물질이 가진 화학에너지를 전기에너지로 바꾸는 장치다.

전지에는 수십 가지 종류가 있지만 과학자들은 성능이 뛰어난 전지를 끊임없이 개발하고 있다. 21세기에 들어서는 배기가스를 방출하지 않고도 자동차 주행을 가능하게 하는 자동차 배터리를 경쟁적으로 만들게 되었다. 자동차 전기 배터리는 전기에너지가 소모되면 충전을 통해 에너지를 재공급한다.

다양한 전지의 공통된 특징은 양극과 음극을 형성하는 화학물질이 있다는 것이다. 양극과 음극은 각기 다른 화학물질로 구성돼 있으며, 양극과 음극 사이에 전선을 연결하면 음극의 물질에서 나온 전자들이 도선을 따라 양극의 물질로 들어간다. 전류란 이러한 전자의 흐름을 말한다. 전자는 음극에서 양극으로 가지만, 일반적으로 전류는 양극에서 음극으로 흐른다. 수압이 높은 곳의 물이 수압이 낮은 곳으로 흐르듯 양극의 전압이 음

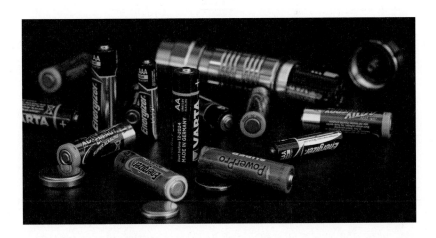

건전지 전지를 사용하지 않은 채 오래 두면 저절로 화학반응이 일어나 전자(전류)가 나오지 않게 된다. 전지를 보존할 때 온도가 낮은 곳에 두면 화학변화가 천천히 일어난다.

극보다 높기 때문이다.

손전등이나 텔레비전 리모컨용 건전지는 한 번 쓰고 나면 버려야 한다. 한 번만 사용하고 버리는 전지를 1차전지(primary battery)라 하는데, 함부로 버리면 환경을 오염시킬 위험이 있으므로 분리 배출해야 한다. 반면에 자동차 배터리나 휴대전화, 디지털카메라, 노트북 전지처럼 몇 번이고 재충전할 수 있는 것은 2차전지(secondary battery) 또는 축전지(蓄電池, storage battery)라 한다. 힘이 약해진 2차전지를 재충전할 때는 전류를 반대 방향으로 흘려보낸다.

전류를 저장해두고 사용하는 전지가 발명되지 않았다면 편리한 전자 도구들도 등장하지 못했을 것이다. 전지는 해마다 생산량이 늘고 있으며, 기술 발전에 따라 값은 점점 내려가고 있다.

33
소형 배터리는 왜 수명이 길까?

손목시계는 종류에 따라 기능이 다양한데, 문자판의 기능이 많으면 전력 소모가 증가한다. 일반적으로 손목시계용 작은 전지는 수명이 1~5년 또는 그 이상이다. 작으면서도 수명이 긴 이런 단추전지(button battery)는 여러 용도로 쓰이고 있다. 부정맥 환자는 심장이 잘 뛰도록 자극하는 단추전지가 부착된 인공 심장박동기(pacemaker)를 이식하고 생활한다. 단추전지는 재충전해 사용하지 못하는 1차전지이므로 일정한 기간이 지나면 교환해야 한다.

단추전지는 저렴하다. 개발 초기에는 수은을 사용했지만 환경오염을 일으킨다는 이유로 제한적으로 사용됐다. 이후 리튬이라는 금속을 사용하는 전지가 개발되었다. 단추전지는 밤낚시를 할 때 장시간 밝은 빛을 내는 낚시찌로도 사용한다.

리튬(Li, 원자번호 3)이라는 원소는 금속 가운데 가장 무르고 가장 가벼운 은백색 물질이다. 리튬은 다른 원소와 화학반응을 잘 일으켜 공기와 만나면 금방 변하기 때문에 보관할 때는 화학반응을 하지 않는 기름 속에 넣어둔다. 리튬은 지구상에 서른세 번째로 많이 존재하는 원소지만, 전부 다른 원소와 결합한 상태로 존재한다. 리튬은 뜨거워도 잘 깨지지 않는 강화유리나 자동차 배터리, 태양광 패널, 수소폭탄의 핵융합반응에 쓰인다.

34
전기자동차의 연료전지는 어떻게 만들까?

연료전지는 수소와 산소라는 연료를 사용해 전기를 생산하는 일종의 발전기다. 각국의 과학자들은 꿈의 전지라는 연료전지를 앞다투어 개발 중이다. 원시적인 연료전지는 수십 년 전부터 우주선 등에서 쓰였다. 연료전지는 전기를 발생시키는 원료 물질로 수소와 산소를 사용한다. 수소와 산소는 우주선을 발사하는 연료이기도 하다.

우주선의 연료전지는 로켓 연료의 탱크에 담긴 수소와 산소 일부를 사용해 전기를 생산한다. 연료전지로 전기를 생산하면 전기가 나오는 동시에 물이 생성돼 대기층과 우주공간을 오염시키는 공해 위험이 전혀 없으며 이 물은 우주비행사가 생활할 때도 사용할 수 있다. 연료전지에서 전력이 생산될 때 우주선 내부를 따뜻하게 해주는 열도 함께 발생한다.

연료전지는 수소와 산소가 화학적으로 잘 결합할 수 있게 해주는 촉매제로 백금을 사용한다. 가볍고 효율이 좋은 연료전지가 개발되면 수소와 산소를 담은 연료탱크와 전류 발생장치를 장착한 자동차가 상용화될 것이다. 연료전지 자동차는 휘발유나 가스 대신 무공해 연료를 사용하므로 매연 걱정이 없고 이산화탄소를 배출하지 않으므로 온실 효과를 일으키지 않는다.

자동차용 연료전지가 실용화되려면 한 가지 문제를 해결해야 한다. 연료전지 자동차가 작동하는 데는 막대한 양의 수소와 산소가 필요하다, 이를 생산하려면 물을 전기분해 해야 하는데, 이때 엄청난 전력이 소모된다. 과학자들은 그에 필요한 전력을 원자력 발전, 그중에서도 핵융합반응로에서 나오는 값싸고 무한 생산되는 전력을 이용하려 한다.

나무나 기름이 타면 왜 열이 발생할까?

나무, 종이, 휘발유, 석유, 프로판가스, 숯, 석탄, 수소 등은 불을 붙이면 모두 잘 탄다. 열을 내면서 타는 물질을 연료라고 한다. 연료가 탄다는 것은 연료를 구성하는 성분이 공기 중의 산소와 빠르게 산화반응을 한다는 의미다. 산화반응이 일어나면 언제고 열이 난다. 쇠가 녹스는 것도 산화반응인데, 이때도 열이 발생한다. 산화반응이 아주 느리게 진행되기 때문에 열을 느끼지 못할 뿐이다.

연료가 타면 왜 열이 날까? 장작이 탄다는 것은 탄소가 탄다는 의미다. 장작을 이루는 탄소는 에너지를 갖고 있어 산소와 산화반응을 일으키면 이산화탄소(탄산가스)로 변하면서 열에너지를 방출한다.

탄소 + 산소 → 이산화탄소 + 열에너지

이처럼 산화반응이 일어난 뒤에 생겨난 이산화탄소 속 탄소에는 에너지가 없다. 그리고 수소를 태우면 산소와 반응(연소)해 물이 생겨나면서 열이 난다.

수소 + 산소 → 물 + 열에너지

이때도 반응 전의 수소는 에너지를 갖고 있지만 물로 변화한 수소에는 에너지가 없다.

장작, 석탄, 석유가 가진 에너지는 어디에서 온 것일까? 식물이 광합성을 할 때는 태양에서 에너지를 받아 이산화탄소와 물을 결합해 영양분을 만든다. 태양에서 에너지를 공급받지 못하면 광합성은 일어날 수 없다. 즉, 태양의 에너지를 받아 생겨난 섬유소나 탄수화물 등의 유기물은 태양에서 받은 에너지를 갖게 된다.

높은 언덕에 있는 바위는 맹렬하게 굴러 내려올 수 있다. 골짜기의 물도 낮은 곳으로 거세게 흐른다. 마찬가지로 에너지를 가진 물질이 화학반응을 하면서 에너지를 발산하고 나면 더는 화학반응을 하지 않는 안정한 물질이 된다.

36
휘발유와 석탄이 타는 속도는 왜 다를까?

가스탱크나 가스관에서 가스가 새어 나와 폭발하는 사고가 가끔 발생한다. 폭발은 많은 양의 물질이 한꺼번에 산화반응을 일으키는 것이다. 높은 열에 의해 공기의 부피가 순간적으로 수십 수백 배 팽창해 큰 소리와 함께 터지는 것이다.

기체 연료는 액체 연료보다 빨리 타고, 액체 연료는 고체 연료보다 빠르게 연소한다. 기체가 탈 때는 주변의 산소와 반응할 수 있는 공간이 넓은데, 액체나 고체는 표면에서만 산소와 반응이 일어나기 때문이다. 한편 액체 연료에 불이 붙으면 뜨거워진 열기가 액체를 기체 상태로 만들어 고체보다 액체가 더 빨리 타게 된다.

양초가 타는 것을 보면 알 수 있다. 양초는 파라핀이라는 물질이 고체 상태로 있는 것이다. 심지에 불을 붙이면 열에 의해 파라핀이 녹아 액체가 되고, 다시 기체가 되어 불꽃을 내며 타는 것이다.

37
불꽃놀이는 왜 다양한 색깔과 모양으로 보일까?

축제 때 하늘 높이 솟아올라 펑펑 터지며 불꽃을 쏟아놓는 불꽃탄은 색과 모양이 다양하다. 어떤 불꽃은 곧 사라지지만 어떤 것은 지면에 가까워질 때까지 빛나기도 한다. 불꽃놀이는 약 1,000년 전 중국에서 시작됐

66

불꽃놀이 불꽃탄의 기본 재료에 리튬이나 스트론튬을 혼합하면 폭발 때 붉은색을, 질산바륨을 혼합하면 초록색, 구리 성분을 혼합하면 청색, 나트륨을 혼합하면 노랑색, 티타늄을 혼합하면 흰색을 낸다. 오늘날에는 컴퓨터로 조종하는 무선 점화장치를 이용해 화려하고 아름다운 불꽃놀이를 연출한다.

다. 10세기경 흑색화약을 발명한 중국인은 이를 폭약으로 만들어 군사용으로 사용했다. 흑색화약은 질산칼륨(KNO_3, 초석硝石)에 황과 숯가루를 혼합해 만든다. 이것에 불을 붙이면 큰 소리를 내며 폭발한다.

그들은 흑색화약으로 작은 폭죽을 만들었다. 폭죽은 전쟁 승리와 평화를 축하하는 불꽃놀이 행사에 사용했다. 폭죽(爆竹)은 작은 대나무나 종이를 말아 만든 대롱 속에 폭약을 넣고 불을 붙여 발사했다고 해서 붙여진 이름이다. 당시의 폭죽놀이는 오늘날까지 이어지고 있다.

흑색화약의 원료인 질산칼륨은 산소를 공급해 황과 탄소(숯가루)가 순식간에 연소하면서 폭발하게 한다. 폭죽은 원시적인 로켓이기도 하다. 흑색화약이 맹렬하게 연소하면서 방출한 가스의 힘에 대한 반작용으로 폭죽은 쉿! 소리를 내며 공중으로 날아오르는데, 이때 불빛과 연기가 발생한다.

19세기에 들어와 흑색화약에 알루미늄이나 마그네슘 가루를 혼합하면 불꽃이 매우 화려한 빛을 낸다는 것을 알게 되었다. 공중에 높이 솟을 때 큰 폭발을 하면서 색색의 불꽃을 쏟아내도록 개발한 것이다. 불꽃탄은 공중에서 터지는 부분과 높이 쏘아 올리는 로켓 부분으로 이루어진다.

38
발광 시계와 도로표지판의 야광물질은 무엇일까?

텔레비전이나 컴퓨터 모니터 화면에는 특수한 형광물질(螢光物質)이 도포돼 있다. 형광물질은 외부에서 빛이나 전자를 받으면 그 에너지의 영향으로 고유의 빛을 내는 물질을 말한다. 따라서 형광물질은 외부에서 빛 에너지를 받는 동안에만 빛이 난다.

형광등은 형광을 내는 물질을 이용한 조명 장치다. 형광등에서는 원래 자외선이 나온다. 이 자외선이 유리관 안쪽에 칠해진 형광물질을 자극해 흰빛의 형광이 나오게 하는 것이다. 도로 교통표지판에는 형광물질(야광도료)이 들어 있어 자동차 불빛이 비치면 눈에 잘 띈다. 야광도료의 형광물질은 자동차 전조등이 비치지 않으면 보이지 않는다.

형광을 내는 물질은 매우 많다. 여러 가지 광물, 곤충이나 새의 날개뿐만 아니라 특정 개구리의 피부도 형광을 발한다. 과학자들은 고양이 털에서 형광이 나도록 유전자를 변형(편집)하는 실험을 하기도 했다. 또한 세탁세제에 형광물질을 섞으면 흰 천이 더 희게 보인다.

시계 숫자판의 글씨가 어둠 속에서 환하게 빛을 발하게 하려면 외부의 빛(에너지)이 없어도 형광을 낼 수 있어야 한다. 예전에는 빛(에너지)이 없어도 장시간 형광을 발하도록 형광물질에 라듐과 같은 방사선(에너지로 작용함) 물질을 혼합하기도 했다. 하지만 라듐은 인체에 유해하기 때문에 오늘날에는 아주 약한 방사선을 내는 물질을 사용한다.

삼중수소(tritium), 크립톤-85, 프로메튬-147, 탈륨-204와 같은 물질에서 나오는 방사선은 시계 유리를 투과할 수 없을 만큼 약한 형광을 발한다. 이런 성질을 가진 형광도료를 '방사선 도료'라 부르기도 한다.

인광(燐光)은 형광과 달리 인(P, 원자번호 15)이라는 원소가 서서히 산화하면서 내는 청백색 빛이다. 형광물질과 인을 함께 혼합한 물질을 '인형광체'라고 하는데, 인형광체는 외부의 빛이 꺼진 후에도 좀 더 빛을 발한다.

형광 물고기 유전자를 변형해 형광을 발하도록 개량한 관상어이다. 어둠 속에서는 물고기의 형광이 보이지 않으나 조명을 받으면 형광이 나타난다.

39

밤낚시용 야광찌와 공연장 형광봉은 어떻게 빛을 낼까?

화학작용으로 야광 빛을 내는 낚시용 찌가 나오기 전에는 밤낚시를 할 때 찌 끝에 형광 테이프를 붙이고 전지나 아세틸렌 가스등을 비추어 찌의 움직임을 관찰했다. 1980년대에 전자찌와 화학 야광찌가 나오면서 아세틸렌 가스등이 사라졌다. 아세틸렌(CaH_2)은 물에 석회석($CaCO_3$)이 원료인 칼슘카바이드(CaC_2)라는 화학물질을 넣으면 생겨나는, 불에 잘 타는 기체다.

물질이 빛을 발하게 하는 방법은 세 가지다. 첫째는 전기(전지를 포함)를 이용하는 것이고, 둘째는 개똥벌레처럼 냉광이 나오게 하는 것이며, 셋째는 화학적인 작용으로 발광하게 하는 것이다.

오늘날 사용하는 대다수 야광찌와 흔히 야광봉이라 부르는 케미컬 라이트(케미라이트, 라이트 스틱, 라이트 바)는 크기는 다르지만 발광 원리는 같다. 이 라이트 스틱에서 여러 형광빛이 나오게 할 수 있다.

라이트 스틱으로 불리는 투명한 플라스틱 야광 막대기 안에는 작은 플라스틱 관이 이중으로 들어 있고 이 관에

라이트 스틱(형광봉) 라이트 스틱 내부에는 작은 플라스틱 관이 이중으로 들어 있다. 안쪽 관에는 과산화수소가, 바깥쪽 관에는 페닐 옥살레이트 에스테르와 형광물질이 들어 있다.

과산화수소가 들어 있으며 이를 둘러싼 바깥 부분에는 '페닐 옥살레이트 에스테르'라는 화학물질과 형광물질이 들어 있다. 이 막대기의 중간 부분을 꺾으면 내부의 관이 깨지면서 과산화수소와 페닐 옥살레이트 에스테르가 천천히 화학반응을 일으키고 형광물질이 빛을 내게 하는 에너지를 발생한다.

낚시용 야광찌는 대개 8~10시간 빛을 발하다가 차츰 어두워진다. 야광찌나 야광봉(라이트 바)에서 붉은색이나 푸른색 등의 빛이 나게 하려면 원하는 색을 내는 형광물질을 혼합하면 된다. 라이트바에서 장시간 빛이 나게 하려면 화학반응 속도를 늦출 수 있도록 저온 냉장고에 넣어 두면 된다. 반대로 따뜻한 곳에 두면 빛은 더 밝아지지만 수명은 짧아진다. 라이트 바에 든 화학물질은 피부에 묻거나 눈에 들어가면 위험하므로 접촉하지 않도록 한다.

40
공장 굴뚝 연기와 연막탄 연기는 어떻게 다를까?

옛사람들은 전쟁이 나는 등 위급 상황 시 산꼭대기에서 불을 피워 연기를 내는 방식으로 사방에 신호를 보냈다. 반면 산골짜기 시골 마을에서 밥을 지을 때 피어오르는 연기는 매우 평화로운 분위기를 연출하기도 한다. 시골에서는 여름밤에 모기를 쫓기 위해 연기가 많이 나는 모닥불을 피운다. 화산에서는 검은 연기가 흰 수증기와 함께 뿜어 나온다. 공장의 연기나 전쟁터의 연기는 두려움의 대상이다.

나무, 석유, 석탄, 종이, 비닐, 양초 등이 타면 연기가 난다. 연기 속에 검게 보이는 것은 대개 작은 탄소 입자이며, 고체 입자인 재도 포함되어 있다. 연기에는 기체와 액체도 섞여 있다. 무엇이 타느냐에 따라 산화질소, 이산화황, 이산화탄소, 일산화탄소, 암모니아, 시안화수소 등 수백 가지 기체 화합물이 나온다. 좋은 향도 있지만 독가스도 있다. 어떤 기체는 공기 중의 수분과 결합해 나뭇잎을 병들게 하는 산성비가 되기도 한다.

장작에 불을 붙이면 처음에는 연기가 많이 나고 불이 활활 타기 시작하지만, 점차 연기가 줄어든다. 불을 지필 때는 타는 온도가 낮아 탄소와 산소가 완전히 화합하지 못해 연소하지 못한 탄소 입자가 많이 생긴다. 그러다가 차츰 열이 오르면 탄소와 산소가 화합해 이산화탄소로 변한다. 연기가 나지 않게 하려면 고온에서 완전연소가 일어나게 해야 한다.

육상이나 해상에서 전투를 할 때, 적이나 아군의 위치를 알릴 때, 자신을 적으로부터 숨길 때 구름처럼 피어오르는 연막탄을 사용한다. 이 연막탄은 연기가 많이 나도록 염소산칼륨이나 질산칼륨에 설탕, 탄산수소나 트륨 등을 섞은 화약으로 만든다. 연막탄에서 붉은색이 나게 하려면 붉은 색소 물질을 혼합하면 된다.

41
텔레비전 액정이란 무엇일까?

텔레비전, 디지털시계, 소형 계산기, 스마트폰 화면은 액정(液晶)이라는 물질로 글자 등을 보이게 한다. 이를 확대경으로 보면 적색, 청색, 초록색 점이 수없이 모인 것임을 알 수 있다. 이것이 액정이다. 과학자들이 액정을 개발하지 못했다면 지금도 무겁고 두꺼운 텔레비전을 보고 있었을 것이다.

자연에서 발견되는 다이아몬드나 수정, 흑연과 같은 물질은 일정한 각이 진 모서리와 면을 가지고 있다. 이를 결정체하고 하는데, 소금 분자는 정육면체 결정체다. 물이 얼어 눈이 되면 독특한 결정 형태가

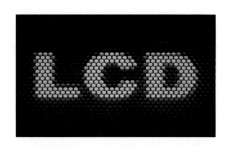

액정 디지털 문자는 액정에 전류가 흐르면서 나타나는 것이다.

된다. 고체로 된 원소는 주로 분자 구조가 규칙적으로 배열된 결정체다.

결정(結晶)은 영어로 crystal이다. 굴절된 빛이 무지개색으로 보이도록 보석처럼 각이 지게 만든 유리잔이나 접시를 흔히 크리스털이라 부르는 이유도 유리잔의 각진 모양이 결정체를 닮았기 때문이다. 유리 크리스털을 만들 때는 빛이 많이 굴절하도록 유리 속에 24~35%의 산화납을 넣는다.

1888년 오스트리아의 식물학자인 프리드리히 라이니처(Friedrich Reinitzer, 1857~1927)는 유기물을 연구하던 중 액체 상태이면서 고체처럼 결정체 모양을 가진 물질을 발견했다. 이러한 성질을 가진 물질이 몇 가지 더 발견되자 액체이면서 결정체인 물질을 액체결정(liquid crystal, LC), 줄여서 '액정'이라 부르게 되었다.

액정의 성질을 가진 물질은 전기나 자기장 또는 열에 의해 분자가 규칙적으로 배열되면서 색을 발한다. 물리학자와 화학자들은 새로운 종류의 액정을 개발해 그 용도를 끊임없이 넓히고 있다. 오늘날 한국은 세계 최고의 액정 기술을 탑재한 LCD 텔레비전을 생산해 전 세계로 수출하고 있다.

42

나뭇잎은 왜 가을에 색깔이 변할까?

나뭇잎이 봄부터 가을까지 초록색인 이유는 세포 속에 엽록소라는 화학물질이 만들어지고 있기 때문이다. 엽록소는 탄소, 수소, 산소, 질소, 그리고 마그네슘으로 이루어진 녹색을 띤 분자로, 햇빛 에너지를 받아 식물의 영양분인 당분(탄수화물)을 만드는 작용(광합성)을 돕는다. 엽록소가 가진 녹색은 햇빛 에너지를 가장 잘 흡수하는 색이다.

겨울이 가까워지면 잎사귀는 차츰 노란색이나 갈색 또는 붉은색으로 변한다. 이렇게 색이 변하는 이유는 잎 내부에서 화학변화가 일어나기 때문이다. 가을에 접어들면 나무는 잎에 있던 영양분을 가지나 뿌리 또는 열매로 이동시켜 저장한다. 봄이 오면 저장해둔 영양분으로 새 눈이 움튼다.

단풍나무 동식물은 종류에 따라 매우 다양한 천연색소를 합성한다. 단풍나무의 잎이 붉어지는 이유는 '안토시아닌'이라는 색소 때문이다.

잎사귀의 영양분을 다른 곳으로 이동시킬 때 잎에서는 엽록소가 만들어지지 않으며 남아 있던 엽록소는 차츰 파괴되기에 녹색을 잃어버린다. 낙엽의 색은 식물의 종류에 따라 다르다. 단풍잎의 색이 노란색이나 주황색이라면 그동안 녹색 때문에 드러나지 않던 카로틴 성분의 색이 보이게 된 것이다. 엽록소와 카로틴이 함께 있으면 엽록소의 진한 녹색 때문에 노란색이 보이지 않는다. 카로틴이라는 색소는 당근에 많이 포함되어 있으며 탄소, 수소, 산소로 이루어진 분자다.

단풍나무의 잎은 유난히 붉게 변한다. 엽록소가 파괴되고 안토시아닌이라는 붉은색을 가진 색소가 대량 생겨나기 때문이다. 안토시아닌은 7~0℃도 일 때 더 잘 형성된다. 참나무에 속하는 나무의 잎은 갈색으로 변하는데, 이는 잎 속에 포함된 '타닌'이라는 물질의 색이다.

43
개똥벌레는 어떻게 빛을 낼까?

어두운 숲속에서 작은 불빛을 깜박이며 날아다니는 개똥벌레(반딧불이)는 신비하다. 스스로 빛을 내는 생물로는 개똥벌레 외에 몇몇 박테리아와 물고기, 오징어, 새우 그리고 심해어 등이 알려져 있다. 개똥벌레는 전 세계적으로 2,000종이 있는데, 그중 많은 종류가 열대 지방에 서식한다. 우리나라에도 10여 종이 서식하지만, 환경의 변화로 멸종위기에 처하자 일부 지역에서는 개똥벌레를 인공 사육해 관광객을 유치하기도 했다.

생물의 몸에서 빛이 나오는 현상을 '생물 발광'이라 한다. 백열등이 빛을 낼 때는 열이 매우 많이 발생하지만 형광등이나 LED등은 열이 적게 난다. 생물에서 나오는 빛에는 열이 없으므로 냉광(冷光)이라 한다. 개똥벌레의 빛은 어둠 속에서 짝을 찾는 데 유용하다. 개똥벌레들은 같은 종류의 짝을 만나기 위해 종류에 따라 반짝이는 시간 간격에 차이가 있다.

개똥벌레 개똥벌레는 열이 나지 않는 빛(냉광)을 내는 곤충이다.

빛을 내는 대표적인 생물인 개똥벌레의 빛은 배 끝에 있는 발광기관에서 분비되는 '루시페린'이라는 물질에 '루시퍼레이스'라는 효소가 작용해 발생한다. 개똥벌레 외의 발광생물에서는 루시페린과는 조금 다른 성분이 분비된다.

백열등의 경우 사용되는 전기에너지의 10%만 빛이 되고, 나머지는 열로 변해 주변을 뜨겁게 한다. 하지만 생물에서 나오는 에너지는 90%가 빛으로 변한다. 화학자들은 개똥벌레 및 여러 발광생물의 발광 작용과 관계된 유전자들에 대해서도 연구하고 있다. 머지않아 화학적인 방법으로 냉광을 내는 조명등이 나오게 되면 전력 소모도 훨씬 줄어들고 열이 나지 않으니 화재 위험도 없어질 것이다.

44
나뭇잎, 분뇨 등을 썩히면 왜 열이 날까?

나뭇잎, 음식 찌꺼기, 가축의 분뇨 등을 쌓아 썩힌 것을 퇴비라고 한다. 농작물은 퇴비를 많이 줘야 잘 자란다. 동식물의 사체(유기물)가 썩는 이유는 부패 박테리아와 같은 미생물이 대규모로 번식하기 때문이다. 퇴비 더미 속 미생물은 효소를 분비해 모든 유기물 성분(섬유소, 리그닌, 단백질, 지방 등)을 이산화탄소와 물로 분해하는 작용을 한다.

유기물이란 수소(H), 산소(O), 탄소(C) 원소가 결합한 화합물(C-H-O)을 말한다. 여기에 미생물의 효소가 작용하면 화학 결합이 풀어지면서 이산화탄소(CO_2), 메탄(CH_4), 수증기(H_2O) 등이 발생하여 날아간다. 퇴비가 완전히 부패하고 나면 장작을 태웠을 때 재가 남듯 약간의 무기물만 남는다.

유기물이 이산화탄소와 물 등으로 변하는 화학변화가 일어날 때는 항상 열이 발생한다. 나무나 프로판가스가 타는 산화반응이 일어날 때나 주머니 난로에 든 쇳가루와 산소가 화합할 때도 열이 발생한다. 인간을 포함한 모든 동물에게서는 먹은 음식(영양분)이 세포에서 분해될 때 활동하고 생장하는 데 필요한 에너지가 발생한다, 이때 적당한 열(체온)이 발생하는데, 이는 몸속에서 화학반응이 잘 일어나게 해주는 온도다.

퇴비열 퇴비 더미에서는 섬유질을 분해해 영양분으로 삼는 부패 박테리아와 곰팡이 등의 미생물들이 대량 증식한다. 분해 과정에서 대량의 열이 발생하기 때문에 겨울철 퇴비 더미에서는 수분이 데워져 김이 무럭무럭 나오는 것을 볼 수 있다.

45

종이 1t을 생산하려면 목재는 얼마나 필요할까?

종이는 없어서는 안 되는 필수품이다. 책, 잡지, 신문, 광고지 등 인쇄물뿐만 아니라 돈, 수표, 영수증의 원자재이며, 포장 상자, 포장지, 벽지, 화장지, 종이수건, 종이컵, 종이접시 등 헤아릴 수 없을 만큼 용도가 많다.

인쇄용 종이는 잉크가 잘 묻어야 하고 인쇄가 선명해야 하므로 제조 과정이 더 복잡하다. 용도에 따라 종이의 화학적 처리 과정이 다르다. 종이의 주성분은 섬유소이지만 1t의 종이를 생산하려면 약 2배의 목재와 약 200t의 물, 약 50kg의 황산, 약 160kg의 석회석, 약 130kg의 점토, 1.2t의 석탄, 110kWh의 전력, 9kg의 염료, 약 50kg의 전분 등이 필요하다.

종이는 용도(종류)에 따라 각기 이름이 다르다. 같은 재질의 종이라도 두께가 다를 때도 있다. 150g짜리 종이는 가로세로 1m, 즉 1m²의 무게가 150g이라는 뜻이다.

칩 목재를 잘게 쪼갠 것을 칩^{chip}이라 한다. 목재의 주성분은 섬유질과 리그닌이다. 칩에 물과 화학약품을 넣고 적절히 가열하면 리그닌이 녹아 나오면서 종이가 될 섬유질만 남는다.

46

제초제는 어떻게 식물을 죽일까?

논밭에 잡초가 자라면 재배하는 작물의 생장을 저해한다. 특히 잡초가 마구 자란 밭의 곡물을 기계로 수확하면 잡초의 종자까지 함께 들어가므로 다시 골라내는 일이 번거롭다. 잡초 제거에 노력과 인건비가 많이 들어 생산비도 오르게 된다.

오늘날에는 불필요한 식물을 제거하는 여러 제초제를 화학적으로 합성해 쓰고 있다. 제초제 중에는 농작물은 남겨두고 잡초만 죽이는 선택성 제초제와 가리지 않고 다 없애는 비선택성 제초제가 있다.

1940년대부터 사용된 2.4-D라는 합성 제초제는 벼나 밀, 옥수수와 같은 외떡잎식물(단자엽식물)에는 작용하지 않고, 쌍떡잎식물(쌍자엽식물)만 죽이는 대표적인 선택성 제초제이다. 이 물질은 식물의 생장을 돕는 식물 호르몬 역할을 하는데, 이 제초제를 흡수한 쌍떡잎식물은 생장 조직에 호르몬이 대량 모여 세포들이 정상적으로 분열하지 못해 비정상으로 자라다 결국 말라 죽는다.

2.4-D와 비슷한 2.4.5-T(고엽제)라는 제초제가 있다. 베트남 전쟁 때 정글에 대량 뿌려 나무들을 말라 죽게 한 제초제로 그후 인체에 매우 해롭다는 사실이 밝혀져 현재는 사용이 금지됐다.

식물을 가리지 않고 죽게 만드는 비선택성 제초제는 종류에 따라 식물 체내에서 일어나는 단백질 합성 반응을 방해하거나 효소의 작용을 억제하거나 엽록소가 생겨나지 못하게 하는 등의 작용을 한다.

비선택성 제초제도 여러 종류가 있는데, 1974년에 미국에서 개발된

선택성 밭에 잡초가 자라면 작물을 재배하기 어려워진다. 농작물은 죽이지 않고 잡초만 죽이는 제초제를 선택성 제초제라 한다.

글리포세이트가 그중 하나다. 최근에는 생명공학적인 방법(유전자 편집)으로 이 제초제에도 죽지 않는 콩이나 옥수수 종자를 개량해 대량 재배하고 있다. 제초제에 영향을 받지 않도록 유전자를 조작한 콩밭에 제초제를 뿌리면 잡초는 모조리 죽지만 콩은 계속 자란다. 일각에서는 유전자 조작 농작물이 인간을 비롯한 생태계에 해를 끼칠 수 있다고 우려하고 있다.

47
장작이 불탄 후에는 무엇이 남을까?

장작(나무)의 주성분은 섬유소이고, 섬유소 틈새에는 '리그닌'이라는 성분이 상당량 함유돼 있다. 소나무에서 분비되는 송진도 리그닌에 속한다. 리그닌에는 여러 가지 물질이 혼합되어 있으며, 이 성분은 높은 온도에서 기체가 되어 알코올이나 석유처럼 잘 연소한다.

완전히 마른 목재의 성분을 분석하면 리그닌이 30~50%를 차지한다. 리그닌은 철근 사이에 넣은 시멘트처럼 가느다란 섬유소들을 단단하게 결합시키는 작용을 한다. 목재를 구성하는 섬유소와 리그닌은 성질과 기능이 다르지만 화학적 성분은 같아 둘 다 탄소와 산소, 수소 세 가지로 구성되어 있다.

나무가 불꽃을 튀기며 연소하는 이유는 섬유소와 리그닌 성분이 산소와 결합하는 화학반응이 일어나기 때문이다. 이때 탄소는 산소와 결합해 이산화탄소가 되고, 수소는 산소와 화합해 수증기로 사라진다. 장작을 태운 자리에는 나무에 소량 함유돼 있던 칼슘, 칼륨, 마그네슘 등의 무기물(미네랄)만 재로 남는다.

나무를 태우면 열이 많이 나면서 잘 타는 경우가 있다. 리그닌 성분이 더 풍부하기 때문이다. 리그닌은 섬유소보다 훨씬 많은 에너지를 방출한다. 나무를 태웠을 때 전부 타지 않고 검은 숯이 남는다면 리그닌 성분이 먼저 휘발하면서 연소하고 섬유소의 탄소만 남은 것이다.

장작불 장작이 불타는 것은 나무의 성분인 리그닌과 섬유소가 산소와 산화반응을 일으켰기 때문이다. 장작이 맹렬하게 탈 때 작은 불꽃이 튀는 것(불티)은 나뭇조각의 탄소가 공중에서 타기 때문이다.

안경닦이는 어떻게 렌즈를 닦을까?

안경에 먼지나 손자국 등이 묻으면 렌즈에 입김을 불어 수증기가 맺히게 하고 화장지나 부드러운 천으로 문질러 닦는다. 닦아낸 다음 밝은 빛에 렌즈를 비춰보면 유리알에 여전히 먼지가 남아 있는 것을 볼 수 있다. 반면 전용 천으로 문지르면 먼지가 거의 남지 않고 깨끗하게 닦인다.

안경닦이는 다른 천보다 치밀하면서 매우 부드럽다. 유난히 부드럽고 렌즈가 잘 닦이는 이유는 매우 가느다란 폴리에스테르 합성섬유이기 때문이다. 이 합성섬유는 섬유소(셀룰로오스)보다 질기며, 섬유의 굵기는 1~2마이크론이다. 머리카락은 60~80마이크론이며 1마이크론은 1,000분의 1mm이다.

가느다란 섬유로 짠 직물은 부드러워지고 굵은 섬유보다 안경 유리 표면에 더 밀착해 작은 먼지까지 잘 닦아낸다. 섬유가 가늘면 유리에 묻은 기름이나 먼지를 잘 흡착(吸着)하는 효과도 있다.

매우 가느다란 섬유를 '극세(極細) 섬유'라 하고 이보다 더 가늘게 뽑은 섬유는 '초극세 섬유'라 한다. 인조가죽은 이러한 극세 섬유로 만든다.

생화학은 무엇을 연구할까?

화학의 연구 대상은 무수히 많아 여러 분야로 나뉘며 각 분야에서는 전문적인 연구가 이루어지고 있다. 오늘날의 화학은 물리학이나 생물학과 밀접하게 연관돼 있다. 일반적으로 무기화학, 유기화학, 물리화학 등으로 통칭하지만, 더 세분화해 생물화학(생화학), 핵화학, 석유화학, 방사선화학, 금속화학, 분석화학, 열화학, 대기화학, 전기화학, 의료화학, 광화학, 고분자화학 등 수백 가지로 나뉜다.

모든 생물은 화학물질로 구성되어 있으며, 몸속에서는 매우 복잡한 화학변화가 끊임없이 일어나고 있다. 생물과 관련된 화학 분야를 생물화학, 줄여서 생화학이라 부른다. 생화학 중에서도 인간의 뇌와 신경에서 일어나는 화학변화를 연구하는 분야는 신경화학이라 한다. 인체에서는 몸에 침입한 병균이나 이물질을 퇴치하는 화학작용(면역작용)이 일어나는데, 이에 대한 연구는 면역화학이라 한다.

2장

식생활과 건강을 위한
화학 상식

50

삭은 홍어회는 왜 먹어도 배탈이 나지 않을까?

화장실과 부패하는 물체에서 풍기는 암모니아 냄새는 불쾌하다. 암모니아 냄새를 맡으면 주변 환경이 비위생적인지 부패하는 물체는 없는지 확인해야 한다.

사실 암모니아는 인간을 비롯한 모든 생물에게 매우 중요한 화학물질이다. 암모니아는 공기 중의 질소(N)와 수소(H)가 결합한 기체(NH_3)이므로 '암모니아 가스'라 부르기도 한다. 암모니아 가스는 물에 잘 녹으며, 암모니아가 녹아 있는 물을 '암모니아수(화학명은 '수산화암모늄')'라 한다. 약국에서 파는 옅은 농도의 암모니아수는 약한 알칼리성이므로 독충에 쏘였을 때 독소를 중성화(中性化)시켜 해독(解毒)하는 용도로 쓰기도 한다.

암모니아 가스를 압축하면 액체 암모니아가 되는데, 이를 기화(氣化)하면 온도가 −33℃까지 내려간다. 이 때문에 냉장고의 냉매(冷媒)로 이용되기도 한다.

오늘날 세계 여러 나라의 공장에서는 매년 약 1억t 이상의 암모니아를 생산하며, 그중 83%는 질소비료가 원료다. 이 외에도 합성섬유, 질산, 다이너마이트 등 기타 여러 가지 화학물질을 만드는 원료로 쓰이고 있다.

식물은 암모니아가 많이 섞인 땅에서 잘 자란다. 농부들이 가장 많이 사용하는 화학비료도 질소비료다. 암모니아를 인공적으로 합성하는 기술은 1909년에 독일의 프리츠 하버(Fritz Harber, 1868-1934)가 개발했다. 그의 이름을 따 '하버법'이라 부르는 암모니아 합성법은 화학의 역사에서 매우 중요하다. 덕분에 싼값으로 질소비료를 비롯한 질소화합물을 대량 생산할 수 있게 되었다.

하버법으로 암모니아를 만들 때는 높은 압력과 온도, 촉매가 필요하다. 일부 미생물(콩과식물의 뿌리에 사는 뿌리혹박테리아와 남조균 등)은 공기 중의 질소를 암모니아로 만드는데, 과학자들은 미생물이 암모니아를 합성하는 방법을 연구한다.

홍어회 냄새는 암모니아

동식물의 몸을 구성하는 단백질에는 질소 성분이 포함돼 있다. 동물은 몸에 필요한 질소 성분을 전량 식물에서 얻는다. 식물은 공기 속에 순수한 질소가 있어도 그대로 흡수하지 못한다. 하지만 질소의 화합물인 암모니아는 잘 흡수한다.

인체에서도 소화와 분해 과정에 암모니아가 생겨나고, 이 암모니아는 간에서 요소(尿素)로 변화되어 혈액을 따라 방광으로 모여 오줌으로 배출된다. 이런 물질대사 과정은 모든 척추동물의 체내에서 일어난다.

우리나라에서는 삭힌(발효시킨) 홍어회를 토속 음식으로 즐겨 먹는다.

홍탁이라 불리는 홍어회는 삭히면서 발생한 암모니아가 톡 쏘는 자극적인 냄새를 풍긴다. 이 냄새를 처음 맡아본 사람은 홍어회가 부패했다고 생각하기 쉽지만 실제로는 식중독을 일으키지 않는다. 암모니아가 물과 결합하여 강한 알칼리성을 띠면서 유해한 세균의 증식을 억제하기 때문이다.

51
인공 감미료란 무엇일까?

달콤한 맛을 내는 물질(인공 감미료)은 수백 가지다. 그중 대다수는 화학자들이 인공적으로 합성한 감미 물질이다. 여기서 무엇보다 중요한 건 인체에 부작용이 없어야 한다는 점이다.

현재까지 수백 종의 인공 감미료가 개발됐다. 대표적인 인공 감미료로는 사카린, 사이클라메이트, 아스파탐, 아세설페임 포타슘, 슈크랄로스, 알리탐, 네오탐 일곱 가지가 있다.

글리세린(글리세롤)

치약의 달콤한 맛은 설탕이 아닌 글리세린의 맛이다. 글리세린은 원래 단맛을 내는 물질이며, 습기를 흡수하는 성질이 있어 피부 화장품과 치약 제조에 대량 사용된다. 치약이 잘 굳지 않고 부드러운 것은 글리세린의 흡수성 때문이다.

글리세린은 물에 잘 녹기 때문에 양치를 한 후 입가심을 하면 맛이 남지 않고 잘 씻겨 나간다. 또한 충치를 일으키는 세균의 영양분이 되지 않으므로 충치를 유발하지 않고 인체에 해를 끼치지 않는다. 기침약인 코프 시럽에 첨가하기도 한다.

글리세린은 일반적으로 지방질에 수산화나트륨을 반응시켜 만든다. 세계적으로 연간 생산되는 글리세린의 양은 수백만 톤이다. 글리세린은 설탕의 약 60%의 단맛을 내며, 설탕보다 칼로리가 조금 더 높다. 글리세린은 체내에서 설탕과는 다른 물질대사(物質代謝)를 하여 혈당치를 급격히 높이는 당지수(糖指數, GI)가 낮아 인공 감미료로 이용되기도 한다.

아스파탐

설탕 대신 음식이나 음료에 넣는 대표적인 인공 감미료가 아스파탐(aspartame)이다. 이 물질은 1965년에 처음 합성된 이후 인공 감미료로 사용되어 왔으며, 한동안 인체에 유해하다고 의심되어 논쟁의 대상이 되었다. 1981년 미국 FDA가 인체에 무해하다고 인정하면서 이용량이 늘어났다.

아스파탐은 열에 약해 가열할 경우 분자가 파괴돼 단맛을 상실하는 것이 약점이다. 감미료는 소화기관에서 흡수되지 않고 통과하기 때문에 당뇨 환자나 체중을 감량해야 하는 이들이 애용해 왔다. 아스파탐의 단맛은 설탕의 약 200배이며, 영양가(칼로리)는 매우 미미하다.

슈크랄로스(스플렌다)

슈크랄로스(sucralose)라 불리는 인공 감미료는 설탕보다 320~1,000배 더 진한 단맛을 낸다. 이 물질은 인체가 소화하지 않아 영양가가 전혀 없고, 고열에 쉽게 변하지 않으며 산과 알칼리에도 강하다.

슈크랄로스는 1976년 런던 퀸엘리자베스대학(현 킹스대학)의 젊은 화학자 샤시칸트 파드니스(Shashikant Phadnis)와 레슬리 허프(Leslie Hough)가 살충제를 개발하던 중에 처음 합성했다. 설탕을 특수하게 처리할 때 생겨나는 이 물질은 칼로리가 없으면서 사카린의 2배, 아스파탐의 4배나 되는 단맛을 낸다.

슈크랄로스를 고농도로 녹여 만든 시럽은 소량으로도 충분히 단맛을 낸다. FDA가 안전 식품으로 승인한 슈크랄로스는 이후 여러 실험에서 간 기능 약화, 신장 비대, 유전적인 변이, 기타 대사 장애를 일으키는 등 부작용이 발견되면서 2013년부터는 '요주의 식품'이 되었다.

사카린

1878년에 처음 인공 합성된 사카린(saccharin)은 영양가가 전혀 없는 인공 감미료로 오랫동안 애용된 물질이다. 백색의 결정 분말인 사카린은 아스파탐과 더불어 현재에도 많이 소비되고 있다. 사카린은 아스파탐과 마찬가지로 열에 약해 음식이나 음료를 끓이면 단맛이 파괴된다.

사카린은 한동안 널리 애용됐으나 1960년대에 인체에 발암 위험이 있다는 보고가 나온 이후 사용량이 크게 줄었다. 2000년에 FDA가 인체에 무해하다고 발표하면서 다시 널리 이용되고 있다.

사카린(사카린나트륨)은 10,000분의 1로 희석한 수용액이라도 단맛이 느껴질 만큼 감미가 강하다. 우리나라에서는 음료수 외에 절임식품, 김치, 양조간장, 토마토케첩, 탁주, 소주 등에 첨가하기도 한다.

스테비아 식물의 천연 감미제

사카린과 아스파탐을 식품첨가물로 사용하길 꺼리면서 스테비아

(Stevia)라는 식물의 즙에 포함된 '스테비오사이드'라는 천연 감미제가 설탕을 대신하는 감미제로 각광받게 되었다. 스테비오사이드의 단맛은 설탕의 약 300배로 알려져 있다.

루그두남(Lugduname)

프랑스 리옹대학에서 1996년에 개발한 최강의 감미 물질이다. 설탕보다 220,000~300,000배 달다는 이 물질은 인공 감미료로써의 이용 가능성이 아직 확인되지 않았다.

알리탐(alitame)

1980년대에 피자 제약회사가 개발한 인공 감미 물질이며, 설탕보다 2,000배나 강한 감미를 가졌다. 여러 나라가 인공 감미료로 사용하고 있다.

네오탐(neotame)

미국에서 최근에 개발된 인공 감미 물질로, 설탕의 7,000~13,000배에 달하는 단맛을 낸다. 유럽연합과 오스트레일리아, 뉴질랜드 등에서도 인공 감미료로 사용하고 있다.

아세설팜 칼륨(acesulfame potassium)

독일 화학자 클라우스(Karl Clauss)가 1967년에 우연히 개발한, 설탕보다 200배 강한 단맛을 내는 인공 감미 물질이다. 뒷맛이 약간 쓰고 열에 강하다.

52

자외선 크림(선크림)은 어떻게 만들까?

햇볕에 피부가 타지 않도록 자외선 크림(suncream, UV lotion)을 바르는 사람이 많다. 야외 수영장이나 해수욕장, 등산 중에 맨살을 햇볕에 노출하면 피부가 붉어지는 것을 넘어 화상을 입고 물집이 잡히기도 한다.

태양에 피부를 노출시켜 갈색으로 만드는 것을 선탠(suntan)이라 하는데, tan은 '갈색, 태우다' 등의 의미가 있다. 피부색을 갈색으로 변화시키는 것은 주로 자외선(ultra violet, UV)이다. 햇볕에 피부가 심하게 손상되는 것을 자외선 화상, 즉 선번(sunburn)이라 한다.

태양에서 오는 빛 에너지의 50%는 적외선, 40%는 가시광선, 그리고 10% 정도가 자외선이다. 자외선은 큰 에너지를 가진 방사선이다. 하지만 지구를 둘러싼 대기층이 자외선의 77% 정도를 흡수해 피해를 줄여준다. 따라서 지표에 도달하는 태양 에너지는 가시광선이 44%, 자외선은 3%, 나머지가 적외선이다.

자외선에 피부가 심하게 노출되면 피부색이 검어지고, 주름이 생기며, 검은 반점이 나타나고, 피부암 발생률이 높아진다. 그래서 암협회에서는 자외선이 원인인 피부암(carcinoma)과 흑색종(melanoma 악성 피부암) 예방

선크림 자외선을 차단하는 선크림에는 종류가 많지만 성분은 비슷하다.

차원에서 선크림을 권하고 있다.

자외선 크림 성분 중에는 이산화타이타늄(TiO_2)과 산화아연(ZO)의 가루(나노입자)가 포함돼 있다. 이산화타이타늄은 입자 크기가 5~50nm이며, 자외선을 산란(散亂)시켜 자외선의 침투를 감소시킨다. 한편 산화아연의 미립자는 자외선을 흡수하는 성질이 있으면서 가시광선은 그대로 투과시킨다.

현재까지 자외선 차단제가 인체에 피해를 주었다는 보고는 없다. 설령 인체에 악영향을 준다 하더라도 강한 자외선으로 인한 피해에 비하면 훨씬 미미할 것이다.

자외선에 대한 민감도는 개인차가 크다. 검은 피부에는 멜라닌 색소가 많은데, 이 멜라닌이 자외선을 상당 부분 흡수한다. 일반적으로 맨살을 드러내고 15분 정도만 햇볕을 쬐어도 피부에 물집이 생길 수 있다. 이 경우 화상을 입은 것과 같아 세균 감염이 일어나므로 몸에서 열이 날 수 있고 아기라면 고열로 경련까지 할 수 있다.

53
마이크로 플라스틱은 어떤 피해를 입힐까?

플라스틱 제품 사용량은 날로 증가한다. 페트병, 플라스틱 식기, 비닐 주머니, 합성섬유 모두 플라스틱(합성수지)으로 분류되는 합성 화학물질이다. 플라스틱이 유발한 환경문제 중 하나가 마이크로 플라스틱이다. 마이크로 플라스틱은 잘게 부서진 플라스틱 입자 그 자체를 말한다.

자연에 폐기되거나 바다에 떠다니는 플라스틱은 태양의 자외선에 의해 조금씩 분해된다. 최근 자외선의 영향으로 플라스틱이 변질되면서 수천 가지 화학물질이 생겨났으며, 이 중 인체나 다른 생물에 피해를 입히는 성분이 있다는 사실이 알려졌다.

바다나 호수에 떠도는 플라스틱에서는 수천 가지 화학물질이 빠져나온다. 플라스틱은 자외선이나 마모(磨耗)로 인해 작은 조각(마이크로 플라스틱)으로 파편화되고 그 과정에서 온갖 화학물질을 내놓는다. 그뿐이 아니다. 플라스틱 용기에는 식수나 음식물뿐만 아니라 온갖 약품(농약 포함)과 화학제품 등이 담겨 있다. 이것들이 그대로 버려지면 공해물질을 자연 속에 쏟아놓는 셈이다.

'플라스틱 과학'은 복잡한 화학이다. 플라스틱 제품을 만들 때는 용도에 따라 색소, 고온에 견디는 내열성(耐熱性) 물질, 단단하게 만드는 강화제(強化劑), 부드럽게 하는 유연제(柔軟劑) 등을 첨가하고, 겉면에는 화려한 인쇄 광고를 부착한다. 이 첨가물들은 플라스틱 자체 분자와 화학적으로 결합하지 않고 섞여 있는 상태이므로 플라스틱 제품이 물에 들어가거나 분해되면 분리되어 나온다. 이 현상을 침출(浸出)이라 한다.

플라스틱에서 침출된 화학물질 중에는 인체에 위험한 것도 있고 아직 위해성이 밝혀지지 않은 것도 있다. 또한 쓰레기로 버린 플라스틱이 들판이나 바다에 떠다니며 마이크로 플라스틱으로 파편화되는 동안 다양한 화학물질들이 침출돼 환경을 오염시킨다.

플라스틱은 재활용 가능성에 따라 두 가지로 분류할 수 있다. 페트병이나 비닐백은 화학적으로 재생할 수 있다. 이런 플라스틱을 열가소성(熱可塑性) 플라스틱이라 하는데, 이는 열로 녹여서 다른 모습으로 재생(가소可塑)할 수 있다. 폴리에틸렌, 폴리프로필렌, 폴리스티렌, 폴리비닐클로라이드가 여기에 속한다. 반면 열경화성(熱硬化性) 플라스틱은 재생이 불가능하다. 자동차 타이어 같은 열경화성 플라스틱에 열을 가하면 녹지 않고 연소돼 가루와 기체로 변한다.

54
반창고는 왜 피부에 잘 붙을까?

건축 현장에서 쓰는 접착제 종류는 습기가 있으면 잘 붙지 않아 건조한 조건에서 붙여야 한다. 하지만 순간접착제(superglue)는 습기가 있어야 잘 붙는 성질이 있다. 가정에서 작은 튜브에 든 순간접착제를 잘못 만져 사고가 발생하는 경우가 있다. 또 의료용은 유용하게 쓰이고 있다.

플라스틱, 고무, 유리 등 무엇이든 잘 붙이는 순간접착제(강력접착제)는 1942년에 미국의 화학자 해리 쿠버가 처음 합성했다. 당시는 제2차 세계대전 중이라 상품화되지 못했다가 1951년 시판됐다. 이 접착제의 주성분

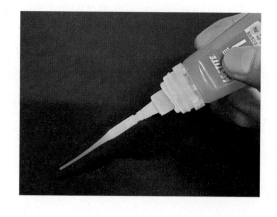

순간접착제 순간접착제는 금속이나 도자기, 유리, 플라스틱 등을 붙이는 데도 편리하고, 면綿과 같은 천연섬유, 털, 가죽과도 잘 붙는다. 접착된 것을 다시 분리할 때는 아세톤 용액을 발라 녹인다.

은 시아노아크릴레이트(cyanoacrylate)라는 화합물로 이 물질은 공기 중 수분을 만나면 즉시 반응해 단단히 굳어진다.

상처가 감염되지 않도록 해주는 반창고(band-aid)의 접착면에는 순간 접착성을 지닌 시아노아크릴레이트 성분이 미량 함유돼 있어 피부에 습기가 있어도 잘 붙는다.

일회용 밴드(band-aid)도 마찬가지다. 외과 수술에서는 찢어진 상처나 부서진 뼈를 결합할 때 특수 제작한 순간접착제를 사용하기도 한다.

시아노아크릴레이트를 혼합한 스프레이를 의료용으로 쓰기 시작한 것은 베트남 전쟁이 한창이던 1970년대였다. 응급수술이 불가능한 상황에서 출혈을 막기 위해 부득이 사용한 것이다. 이 스프레이는 FDA의 승인을 받지 못했으나 인체에 별다른 부작용이 없어 1998년 이후 정식으로 일회용 밴드와 함께 의료용으로 쓰이게 되었다.

바위 절벽을 오르다가 손가락에 부상을 입어 바위를 잡기 어려운 경우 상처 부위에 시아노아크릴레이트를 뿌리면 금방 굳어 피부 보호막이 된다. 이렇게 응급 처치를 하면 한동안 등산을 계속할 수 있다. 소량의 접착제는 부작용이 거의 없지만 대량 뿌리면 피부가 손상된다.

순간접착제 성분은 화장품에도 쓰인다. 손톱에 바르는 매니큐어 색소에 포함돼 있고 인조 손톱이나 인공 눈썹을 붙이는 접착제로도 이용된다. 단, 접착제가 안구에 닿지 않도록 조심해야 한다. 눈에 들어가면 따뜻한 물로 15분 이상 가볍게 씻고 안과에 가야 한다. 이 순간접착제는 사람에 따라 피부에 알레르기 반응을 일으키기도 한다.

화학적 방법으로 범인의 지문을 찾아낼 수 있을까?

드라마에서 범죄자를 끈질기게 추적하는 수사관들을 보면 첨단 조사 기술에 놀라움을 금치 못할 때가 있다. 범죄자들의 범행 증거를 조사하는 과학을 범죄수사과학(forensic science)이라 하고, 이를 연구하는 과학자를 범죄수사과학자라 한다.

수사관들은 사건 현장에서 지문, 혈흔, 탄피, 총알이 박힌 자국, 발자국, 범인의 머리카락, 피부세포. 기타 미세한 흔적들을 샅샅이 조사하고 사진 등 다양한 방법으로 기록을 남긴다. 수사관들이 확인하는 증거 가운데 범인의 지문, 머리카락 색, 피부색, 눈동자의 색, 문신(文身), 얼굴형, 음성, 혈액형, 골격, 치아, 심장박동, DNA 등 신체와 관련된 증거를 조사하는 것을 '생체측정'이라 하고, 이를 위한 과학적 기술을 생체측정학 또는 생체측정기술이라 한다.

수사관들이 가장 의존하는 생체 증거가 지문이다. 수사관들은 범인이 다녀간 현장에서 의심이 가는 곳에 가루를 뿌린 다음 붓으로 털어낸다. 이 가루에는 지문에 묻은 범인의 지방산 및 아미노산과 반응해 범인의 정보를 알려주는 성분이 포함되어 있다. 이 지문을 컴퓨터에 입력해 수사기관이 보유한 방대한 지문 데이터베이스 정보와 대조해 동일인을 찾는다.

범죄자들은 현장에 지문을 남기지 않으려고 온갖 방법을 쓴다. 범인은 실수로 만진 벽면이나 그릇, 도구 등의 표면을 문질러 자신의 흔적을 지운다. 때로는 탈색제 같은 화학적 방법으로 흔적을 지우기도 한다. 이렇게 지운 지문은 과거의 지문검사 방법으로는 분석할 수 없다.

최근 범죄수사과학자들은 범인이 지운 지문이나 다른 물질로 오염된 지문까지 찾아내는 첨단 지문검사기술이 적용된, 리커버(RECOVER)라는 지문검사 장비를 개발했다. 영국 러프버러대학의 화학자 폴 켈리(Paul Kelly) 연구팀이 개발한 리커버는 화학 가스로, 이를 분사하면 지극히 희미한 지문까지 형태를 드러낸다. 가스는 지문에 있는 분자 단위와 결합해 지워진 지문이나 장시간 수분에 노출된 지문도 그 형태가 드러나게 한다.

모기가 싫어하는 모기향의 냄새 성분은 무엇일까?

모기에 물린 자리는 여러 날 가렵고 덧나서 곪기도 하며, 운이 나쁘면 말라리아(학질), 뇌염, 뎅기열, 라임병 등에 감염될 수 있다. 더운 계절에 캠핑, 등산, 낚시 등의 야외 활동을 할 때면 어디서나 모기가 덤빈다. 실외에서 밤을 보낼 때는 모기향 또는 분사용 모기 기피제가 필수품이다.

모기(해충)를 쫓는 기피제는 모기향, 몸에 뿌리는 액상(液狀) 분사형, 로션 형태가 주로 이용되었는데, 최근에는 기피제 성분이 도포(塗布)된 종이 스티커(패치)를 옷이나 신발, 모자, 가방 등에 부착하는 형태도 판매되고 있다.

기원전 1,000년 이전부터 중국인들은 제충국(除蟲菊)이라는 국화과 식물의 꽃에 곤충(해충)을 죽이는 성분이 있다는 것을 알았고, 그 꽃을 말려 살충제나 해충 기피제로 사용해 왔다. 훗날 제충국의 살충제 성분이 피레트린(pyrethrin)으로 밝혀졌고, 1924년에는 인공 합성이 가능해졌다.

흔히 사용하는 나선형 모기향에는 피레트린 성분이 포함되어 있다. 피레트린과 톱밥을 접착제와 함께 혼합하여 만든 최초의 모기향은 1800년대 말에 처음 발명되었다. 하지만 화재가 발생하기도 하고 특정 모기향의 연기를 마시고 호흡기에 부작용이 나타나는 경우도 있다.

오늘날 상품화된 기피제 중에는 DEET(diethyltoluamide)라는 물질이 주성분인 것이 많다. DEET는 모기만 아니라 진드기, 벼룩, 파리 등의 곤충과 거머리도 싫어하기 때문에 해충(곤충)기피제이기도 하다.

피레트린 성분은 빠르게 살충 효과를 내며, 뿌린 후에는 오래 남아 있지 않고 저절로 분해된다. 오늘날 피레트린은 식물에서 추출하지 않고 화학적으로 합성한다. '페르메트린'이나 '시페르메트린'과 같은 화학물질은 피레트린과 유사한 합성 물질이지만 살충 효과는 더 우수하다.

살충제에서 석유 냄새가 나는 이유는 피레트린이 물에 녹지 않아 석유에 녹여 분무하도록 만들었기 때문이다. 그렇기에 간혹 수입 판매되는 불량 살충제는 인체에 위험할 수도 있다.

57
일산화탄소(CO)를 흡입하면 왜 목숨을 잃을까?

공기 중에는 질소가 약 78%, 산소는 21%, 아르곤 0.94%, 이산화탄소 0.04%가 포함되어 있다. 내쉬는 숨에는 질소가 78%, 산소는 16~17%, 이산화탄소는 4~5%가 포함돼 있다. 이산화탄소는 화학기호로 CO_2, 일산화탄소는 CO로 표시한다.

이산화탄소는 들이쉬는 공기 중에 10%나 포함돼 있지만 생명을 위협

스토브 나무, 석탄, 석유 등이 탈 때 산소가 충분히 공급되지 않으면 불완전 연소하여 일산화탄소가 많이 발생한다.

할 정도는 아니다. 하지만 일산화탄소는 0.1%만 섞여 있어도 중독으로 생명을 잃을 수 있다. 이산화탄소와 일산화탄소는 같은 원소(산소와 탄소)로 구성되어 있지만, 산소 원소 하나의 차이로 화학적 성질이 다르다. 두 물질의 분자 주변을 돌고 있는 전자 상태에 차이가 있기 때문이다.

혈액 속에서 산소를 온몸으로 운반하는 헤모글로빈은 본래 산소와 잘 결합한다. 하지만 산소보다 일산화탄소와 더 잘 결합하는 성질이 있다. 따라서 공기 중에 일산화탄소가 섞이게 되면 잠깐 사이라도 혈액에 산소가 부족해져 생명이 위협받게 된다. 나무나 석탄, 석유 등이 연소할 때 산소가 부족하면 일산화탄소가 다량 생겨나므로 실내에서 이를 연료로 태울 때는 환기에 유의해야 한다.

58

산성비는 어떤 피해를 줄까?

화학공장이나 발전소, 자동차 등에서 석유나 석탄을 태우면 소량 포함되어 있던 황(S)이 산소와 결합하여 이산화황(SO_2)이나 삼산화황(SO_3)이 된다. 연기와 함께 대기에 섞인 아황산가스는 수증기(H_2O)와 만나 황산(H_2SO_4)으로 변한다. 또한 석유와 석탄 연기 속에 포함된 질소 성분은 질산(HNO_3)으로 변화한다.

산성비란 이러한 황산과 질산 성분이 다량 포함된 빗물을 말한다. 산성비는 공업도시나 대도시 근처에 더 많이 내린다. 구름은 바람 따라 이동하기 때문에 지역마다 차이는 있지만 어디서도 산성비의 영향을 피할 수 없다.

산성비 나무 산성비가 심하게 내리는 지역의 숲과 초원이 황폐해진 모습

산성 물질은 매우 강한 화학작용을 한다. 대리석이나 석회석을 녹이는가 하면, 쇠나 알루미늄, 아연 등의 금속도 부식시킨다. 산성비가 숲에 내리면 나뭇잎 성분이 변화하여 정상 기능을 못 하고 낙엽이 되어 일찍 떨어진다. 산성비가 심하게 내리면 여름에도 잎이 모두 떨어지고 가지만 남기도 한다. 아황산가스를 코로 호흡하면 코안의 수분과 화합하여 황산이 되면서 강한 산화작용을 일으켜 코안과 기관지가 상해 호흡기병을 앓게 된다.

59
음주측정기는 어떻게 알코올 농도를 측정할까?

술을 마신 상태로 운전하면 사고를 일으킬 가능성이 높아져 음주운전 단속을 실시한다. 음주 유무를 확인하기 위해 사용하는 측정기는 '디지털 휴대용 음주측정기'다. 음주측정기는 운전자의 폐에서 나오는 날숨에 포함된 알코올 농도를 즉시 측정해 수치로 나타내거나 붉은 불과 푸른 불로 위반 여부를 알려주기도 한다.

술은 물과 에틸알코올이 혼합된 액체다. 에틸알코올은 휘발성이 강해 잘 휘발된다. 술을 마시면 알코올 성분은 위와 장에서 혈액으로 들어가 장시간 몸속을 돌면서 서서히 에너지로 변한다. 혈액에 알코올 성분이 있으면 호흡할 때 폐의 혈관을 지나면서 일부는 숨과 함께 밖으로 나간다.

운전자가 음주측정기를 불면 숨 속의 알코올이 백금으로 된 판(촉매작용) 위를 지나가면서 공기 중의 산소와 결합하는 화학변화가 일어나 아세트산과 물, 이산화탄소로 변한다. 이때 화학에너지가 생겨나는데, 이 에너지가 내부 전기 장치에 전류를 흐르게 하고 그 전압이 수치로 나타난다. 따라서 음주측정기는 알코올을 원료로 전기를 생산하는 연료전지의 일종이다.

음주측정기 중에는 빛을 받으면 전류가 생산되는 광전지(光電池)를 이용한 것도 있다. 이는 태양전지의 일종이다. 우주선이나 무인 등대 등에 사용하는 널따란 태양전지는 광전지다. 광전지 음주측정기는 알코올이 포함된 공기 속에 빛이 지나면 전류가 많이 흐르도록 만든다. 광전지 음주측정기로 숨을 불어넣었을 때 전류가 높게 나타날수록 음주량이 많다.

음주측정기는 알코올을 탐지하는 '화학 코' 내지 '인공 코'라 할 수 있다. 혈액 속에 알코올 성분이 0.05% 이상 포함되어 있으면 행동이 느려지고 주의력이 떨어지므로 음주 운전에 해당한다. 혈중알코올농도가 0.1%를 넘으면 균형감각과 판단력이 떨어지고, 0.3% 이상이면 의식을 잃을 정도가 되며, 0.5%를 넘으면 생명이 위험해진다.

60
수돗물에서는 왜 소독약 냄새가 날까?

수돗물에서는 소독약 냄새가 난다. 과거에는 풀장에서도 이 냄새가 났다. 수돗물에서 나는 소독약 냄새는 염소(Cl)라는 물질(기체)에서 나오는 것이다. 염소는 인체에 위험한 물질이지만, 수돗물에 포함된 미량의 염소는 세균만 죽이고 인체에는 해가 없다.

수도국 정수장에서는 물속의 세균을 죽이기 위해 하이포염소산(NaClO)을 소량 혼합한다. 그러면 이 물질 중의 산소 원자가 세균을 죽인다. 이때 발생하는 염소가스(Cl)는 송수관을 따라 집안의 수도꼭지까지 이동한다. 물에서 염소 냄새가 난다면 살균된 식수라는 뜻이다.

많은 가정에서는 약품 냄새 등의 이유로 약수나 생수 또는 정수기 물을 선호한다. 그래서 정수장에서는 살균 효과를 유지하면서 냄새는 최소화한다. 수돗물에서 염소 냄새가 심하게 날 때는 물을 받아 하루 정도 두면 냄새가 휘발된다. 관상용 금붕어를 수돗물에 넣으면 죽기도 하는데, 하루 이상 받아둔 물을 사용하면 안전하다.

몇 해 전까지만 해도 실내 풀장에서 장시간 수영하는 사람은 머리카락 색이 갈색으로 탈색되기도 했는데, 이는 하이포염소산에서 나온 산소의 산화작용으로 머리카락 속의 멜라닌 색소 분자가 파괴됐기 때문이다.

수영장에서 풍기는 염소 냄새는 불쾌한데다 인체에도 다소 영향을 끼치기 때문에 최근에는 물을 순환시키면서 찌꺼기를 걸러내고 자외선을 쬐어 살균하는 방식을 통해 전혀 냄새가 나지 않는 물을 이용한다.

61
석면(石綿)은 왜 유해할까?

솜의 섬유를 가지런하게 뭉쳐둔 것 같은 암석이 있다면 믿길까. 암석 중에 사문암(蛇紋巖)과 각섬석(角閃石)은 바늘 모양으로 긴 결정 형태를 하고 있다. 이런 암석은 마치 섬유질 다발처럼 보인다고 해서 석면(石綿 mineral wool)이라 부른다. 석면의 주성분은 산화규소, 철, 칼슘, 마그네슘 등이고, 석면이 많이 생산되는 나라는 러시아, 중국, 카자흐스탄 등이다.

석면 석면은 가지런한 솜 다발 모양을 하고 있다. 열의 전도를 잘 막아주고 방음 효과도 크며, 화재에도 강하기 때문에 건축물의 벽이나 지붕 재료로 많이 사용해 왔다.

솜처럼 생긴 석면은 틈이 많아 소리를 잘 흡수하고 보온 기능이 뛰어나다. 불타지도 않고 전기가 통하지 않으며 화학적으로도 잘 변하지 않으면서 강인하다. 그래서 벽이나 천장, 지붕의 건축 자재로 애용되었다.

석면이 부서질 때 생기는 미세한 가루는 먼지처럼 날리기 때문에 호흡기로 들어가기 쉽다. 석면을 만지거나 가공하는 사람들은 석면 가루를 흡입해 폐암에 걸리거나 '석면폐증'이라는 치명적인 호흡기병을 얻는 경우가 많았다. 그런 이유로 오늘날에는 석면의 사용을 제한하고 있다.

62
본드는 왜 논란이 되는 접착제일까?

'본드(bond)'라고 부르는 끈끈한 접착제는 가정과 목공 작업에서 많이 사용한다. 본드는 합성수지와 천연고무 등을 아세톤이나 톨루엔 같은 용제에 녹인 것이다. 이 접착제는 접착 부분에 물기나 먼지를 없앤 후 칠하는데, 곧바로 붙이기보다 3~4분간 그대로 두고 용제가 약간 증발한 후에 붙여야 한다. 접착 후에는 움직이지 않도록 압력을 가하고 하루 이틀 고정해 두어야 제대로 붙는다.

본드는 천이나 가죽, 고무, 목재, 종이, 판지는 물론이고 금속이나 플라스틱도 잘 접착한다. 특히 천이나 가죽, 고무 제품 등 부드럽게 휘어지는 물체를 접착하는 데 편리하다. 늘어났다가도 본래 형태로 되돌아가는 탄성이 있어 굳어져도 딱딱해지지 않고 부드러운 성질을 유지하고 있기 때문이다. 신발 밑창을 접착제로 붙였는데 마른 뒤 해당 부분이 딱딱해진다면 자연스럽게 휘어지지 않아 곧 떨어지거나 뻣뻣해 걷기 불편한 신발이 될 것이다.

본드가 이따금 사회 문제가 되는 이유는 본드에 포함된 용제(톨루엔이나 아세톤 또는 메틸에틸케톤 같은 물질)를 흡입했을 때 정신이 혼미해지는 환각 증세가 나타나기 때문이다. 이 때문에 청소년에게는 본드를 판매하지 않고 있다.

63
식품 건조제(실리카겔)은 어떤 물질일까?

사탕이나 가공 김, 약품이 든 용기 안에는 구슬처럼 생긴 반투명한 모래알처럼 생긴 물질이 담긴 작은 봉투가 있을 것이다. 이는 실리카겔(silicagel) 또는 '건조제'라고 부른다. 실리카겔은 모래와 화학적으로 성분이 같은 규소(silicon)와 산소로 구성된 물질로, 천연 모래가 아니라 인위적으로 만든 것이다.

실리카겔 실리카겔은 모래와 성분이 같다. 푸른색 실리카겔은 염화코발트가 포함된 것으로, 수분을 많이 흡수하면 차츰 분홍색으로 변한다.

일반 모래는 수분을 잘 흡수하지 못한다. 하지만 실리카겔은 미세한 구멍이 가득해 이 구멍 속으로 상당한 양의 수분이 들어가 흡착된다. 이를테면 100g의 실리카겔은 20~30g의 수분을 흡수한다.

무색, 무취의 실리카겔은 인체에 무해하다. 방금 막든 실리카겔에는 푸른색 알맹이가 섞여 있는데 이는 염화코발트로 염색한 것으로 수분을 많이 흡수하면 푸른색이 분홍색으로 변해 색으로 흡수한 수분의 양을 가늠할 수 있게 한다.

생화를 건조시킨 것을 드라이플라워(dry flower, 말린 꽃 또는 건조화)라고 하는데, 이때 건조제로 실리카겔을 사용한다. 장미꽃을 넣은 병에 실리카겔을 충분히 넣고 밀봉하면 장미꽃의 수분이 흡수되어 장미색을 보존한 상태로 건조화가 된다.

설익은 감이나 도토리는 왜 텁텁할까?

떫은맛을 좋아하는 사람은 없다. 야생동물들도 마찬가지다. 감이나 도토리는 씨가 완전히 여물지 않았을 때 새나 다른 동물에게 먹히지 않기 위해 타닌(tannin, tannic acid)이라는 맛없는 물질을 만들어 낸다.

이 떫은맛이 바로 타닌의 맛이다. 감과 도토리에는 유난히 많은 양의 타닌이 함유돼 있지만 다 익으면 다른 성분으로 변화돼 떫은맛이 사라진다. 타닌 성분은 녹차, 포도주, 석류, 양딸기 등에도 소량 포함돼 있다.

타닌은 단백질을 오그라들게 하는 화학적 성질이 있다. 입안의 부드러운 조직은 단백질로 이루어져 있어 타닌이 들어가면 떫은맛을 느끼게 된다. 하지만 인체에는 무해하다.

원시시대에는 포유동물의 가죽으로 만든 옷을 입었다. 원시 인류는 가죽에 타닌을 바르면 가죽이 질겨지고 오래 간다는 것을 알고 있었다. 이것을 '무두질'이라 하는데, 무두질하지 않은 가죽은 빨리 상한다. 타닌이 세균을 죽이는 항균 작용을 해 세균의 침범을 막아주기 때문이다.

도토리 도토리에는 많은 양의 타닌이 함유돼 있다. 도토리를 열매로 맺는 식물은 참나무과에 속한다.

떫은맛이 나는 포도주를 꺼리는 경우가 있다. 반면 포도주에 함유된 타닌이 혈관 벽에 지방질이 붙는 것을 막아준다는 이유로 오히려 타닌이 많이 함유된 적포도주를 선호하기도 한다. 타닌은 염료와 의약품의 원료로 사용하기도 한다.

65
식용 인공색소는 정말 안전할까?

음료수, 아이스크림, 빙과, 사탕, 과자, 떡, 케이크, 단무지 등은 고운 색을 넣어 맛이 좋아 보이도록 만든다. 이처럼 식품에 첨가하는 색소를 식품첨가색소(줄여서 식품색소)라 한다. 식품색소는 천연색소와 인공색소로 나뉜다. 천연색소는 식물의 꽃이나 과일, 뿌리 등에서 추출하고, 인공색소는 화학적으로 합성한 것이다.

정부 기구인 식품의약안전청(약칭 '식약청')에서는 음식에 넣어도 좋은 색소의 종류와 첨가량을 법으로 규정하고 있다. 색소 중 많은 수가 암을 일으키거나 독성이 있어 인체에 해가 갈 수 있기 때문이다. 간혹 수입 식품에 기준치를 초과하는 유해 색소가 들어 있어 사회문제가 되기도 한다.

식물에서 얻은 천연색소라고 해서 무조건 무해한 것은 아니다. 어떤 식물의 색소는 독성이 있다. 법으로 허가된 식용색소라도 사람에 따라 알레르기 반응으로 두드러기를 일으키거나 아토피(atopy) 등의 피부병을 발생시키거나 기침을 유발한다.

제약회사에서 생산하는 알약이나 물약 중에는 붉은색, 노란색, 보라색 색소를 넣은 것이 많은데, 이런 색들이 더 치료 효과가 좋다는 인식을 심어주기 때문이라고 한다.

양파 껍질을 까면 왜 눈물이 날까?

양파 껍질을 까거나 칼로 썰면 강한 자극성 냄새와 함께 눈물이 나온다. 이는 양파 조직 속에 포함된 알리신(allicin)이라는 물질 때문이다. 알리신은 황 성분을 포함한 물질로 박테리아나 곰팡이를 죽이는 살균력이 있다.

양파 세포 속에는 알린(alliin)이라는 물질이 있다. 이 알린 자체는 눈을 자극하지 않지만 양파를 칼로 자르는 것처럼 세포를 파괴하면 세포액에 포함된 알리네이스(alliinase)라는 효소가 작용해 알린이 산소와 화합하면서 알리신으로 변한다. 알리신은 열에 약해 요리를 하면 분자가 파괴되고 살균력과 자극성도 없어진다.

알리신은 양파 외에 마늘, 파, 부추 등의 식물에도 포함돼 있다. 이 물

양파 양파, 마늘, 파 등을 썰 때 눈물이 나는 것은 조직의 세포액에 포함된 알리신이라는 자극성 물질이 증발하면서 눈을 자극하기 때문이다.

질은 식물의 뿌리가 부패하지 않고 오래 보존되도록 할 뿐만 아니라, 자극성이 강해 다른 동물들의 먹이가 되는 것을 방지하기도 한다. 또한 알리신은 혈액이 잘 응고되지 않도록 하여 혈액순환을 돕는 것으로 알려져 있다.

67
고추를 먹으면 왜 콧물과 땀이 날까?

고추의 매운맛을 내는 성분은 캡사이신(capsaicin)이라는 단백질의 일종이다. 캡사이신에는 화학적으로 비슷한 몇 가지 종류가 있으며 인공적으로 합성하기도 한다.

과학자들은 고추의 매운맛을 오랫동안 궁금해했다. 캡사이신이라는 화학명은 1846년경에 얻은 것이다. 이 물질은 입안이나 눈의 점막에 있는 신경을 심하게 자극해 뇌가 불에 덴 듯한 통증을 느끼게 하며, 입안이 얼얼해지고 땀과 콧물을 분비하게 하고 혈색도 붉어지게 한다. 매운 고추를 잘 먹는 사람도 있지만 대다수는 매운맛을 견디지 못하고 뱉어버린다.

캡사이신은 가지과 식물인 고추 종류에 함유돼 있다. 일부 종류는 캡사이신이 전혀 없다. 또 일부 종류는 수만 배 강한 매운맛을 내기도 한다. 이 경우 극심한 통증을 유발하는 강력한 화학무기가 될 수 있다. 일반인들은 캡사이신이 고추의 씨에 들어 있다고 생각하지만, 사실은 씨가 붙어 있는 부분('태좌')에 가장 많이 들어 있다.

매운맛은 입맛을 돋우고 소화액을 분비시키는 작용을 한다. 캡사이신의 자극을 받은 뇌는 엔도르핀(endorphin)이라는 호르몬을 분비한다. 우주

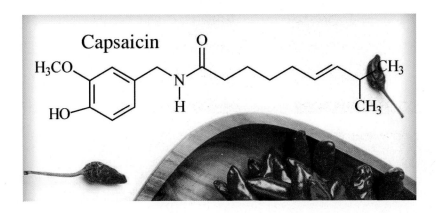

캡사이신 양파, 마늘, 파 등을 썰 때 눈물이 나는 것은 조직의 세포액에 포함된 알리신이라는 자극성 물질이 증발하면서 눈을 자극하기 때문이다.

비행사들은 우주에서 음식을 좀 더 맛있게 먹기 위해 매운 소스(핫소스)를 지참하기도 한다. 캡사이신은 물에는 잘 녹지 않지만 기름 성분에 쉽게 녹는다. 핫소스도 캡사이신을 기름에 녹여 만든다.

흥미롭게도 새들이 쪼아 먹고 변으로 배출된 고추의 씨는 땅에 떨어졌을 때 발아하지만 사람이나 포유동물이 먹은 씨에서는 싹이 트지 못한다. 포유동물에 먹히면 소화액에 녹아 번식이 어려우므로 매운 캡사이신 성분을 통해 먹히지 않으려고 진화한 것으로 보인다.

고춧가루와 고추장은 한국인의 전통음식이다. 하지만 원래 고추는 중앙아메리카와 남아메리카가 원산지이다. 아메리카 대륙에 도착한 유럽 항해자들은 원주민들이 매운 고추를 먹는 것을 보고 유럽으로 가져와 재배하기 시작했다. 고추가 우리나라에 전해진 때는 약 400년 전인 임진왜란 전후였다. 따라서 그 이전에는 고추장이 없었으며, 김치에도 고춧가루를 넣지 않았다.

추잉 껌은 어떻게 만들까?

맛과 모양이 다양한 껌(gum)은 전 세계에서 팔리고 있다. 사람들은 껌의 달콤한 맛과 향기와 씹는 즐거움을 좋아한다. 껌의 원료는 주로 마닐카라 치클(Manilkara chicle)이라 부르는, 중앙아메리카가 원산지인 상록수의 수피(樹皮)에서 추출한 끈끈한 수액 성분이다. 이 수액에서 껌의 원료를 순수하게 걸러낸 것을 치클이라 한다. 원유 속에 포함된 물질을 화학적으로 반응시켜 저렴한 합성 치클을 만들기도 하지만 자연 치클만큼 질이 좋지 않다.

오늘날과 같은 형태의 껌은 1860년대에 처음 등장했다. 치클은 달라붙는 끈끈한 성질이 있다. 껌에 이 부착성이 없다면 얼마 씹지 않아 가루가 되거나 변질돼 오래 씹을 수 없을 것이다. 치클에 설탕, 인공 감미료, 박하향, 계피향, 과일향 등을 혼합해 껌을 만들며, 풍선껌은 고무질 성분을 더 많이 넣어 만든다. 치클은 기온이 낮으면 단단해지고 더우면 물러지는 성질이 있다.

껌은 씹는 동안 단맛이 다 빠지고 향긋한 향기까지 사라지면 맛없는 고무 덩어리가 된다. 다 씹은 껌을 아무 데나 뱉으면 신발 바닥이나 옷에 붙어 다른 사람에게 피해를 줄 수 있으므로 종이로 싸서 휴지통에 버려야 한다.

사람들이 껌을 좋아하는 이유는 씹는 즐거움도 있지만 집중력을 높여주고 지루함을 달랠 수 있으며 마음을 안정시키는 효과가 있기 때문이다. 껌을 삼키는 경우가 있는데 소화되지 않고 변과 함께 배설되므로 염려하지 않아도 된다.

초콜릿은 어떻게 만들까?

초콜릿(chocolate), 하면 코코아(cocoa)를 떠올린다. 코코아는 초콜릿의 원료를 건조시켜 가루로 만든 것을 말한다. 초콜릿의 원료는 카카오나무 (cacao tree) 열매에서 추출한다. 카카오는 브라질, 가나, 나이지리아 등 더운 지방에서 잘 자라며, 다 자라면 키가 7m 정도 된다. 나무 하나에 길이 20cm 안팎의 아몬드를 닮은 꼬투리가 20~40개쯤 달리는데, 이 꼬투리를 쪼개면 안에 20~60개의 씨가 들어 있다.

꼬투리를 칼로 쪼개 쌓아두고 거적이나 나뭇잎을 덮어 일주일 정도 숙성시키면 씨('코코아 콩')만 골라낼 수 있다. 이것을 햇빛에 말린 뒤 초콜릿 공장으로 보낸다.

초콜릿 공장에서는 코코아 콩을 볶아 껍질을 벗기고 가공하여 코코아 버터를 만든다. 코코아 버터는 지방질이 약 54%다. 코코아 버터를 만들고 남은 것을 가루로 만들면 코코아 가루가 된다.

초콜릿은 이 코코아 가루와 코코아 버터를 주원료로 설탕과 향료와 우유 등을 적절히 배합해 다양하게 만든

코코아 꼬투리 초콜릿은 카카오나무의 꼬투리에 든 씨에서 추출한 코코아 버터를 원료로 만든다.

다. 설탕을 넣지 않으면 쓴맛이 난다. 초콜릿은 대개 진한 갈색인데, 흰색 초콜릿을 만들기도 한다. 코코아 향이 적은 흰 초콜릿은 코코아 버터로만 만든 것이고, 진한 갈색 초콜릿은 코코아 가루를 섞은 것이다. 진한 갈색 초콜릿에는 커피처럼 카페인이 상당량 함유돼 있다. 초콜릿을 많이 먹으면 잠이 잘 오지 않는 것도 그래서다.

70
카페인 없는 커피는 어떻게 만들까?

세계인의 3분의 1이 마신다는 커피는 커피나무의 씨를 볶아서 가공한 것이다. 커피 열매를 원두(原豆)라 부르는데, 원두는 본래 검은색이 아니다. 씨를 볶는 동안 씨에 함유된 설탕 성분이 검은색으로 변한 것이다. 흰

커피 원두 커피나무의 열매를 볶으면 커피 원두가 된다.

설탕을 가열하면 차츰 갈색으로 변하는 것과 똑같은 이유다.

원두에는 카페인이라는 화학물질이 함유돼 있다. 카페인은 화학적으로 알칼로이드(alkaloid)라 부르는 물질에 속한다. 카페인은 신경계가 아드레날린이라는 호르몬을 분비하게 해 심장박동을 빠르게 하고 각성 효과를 일으킨다. 커피를 좋아하는 사람들은 습관적으로 그 향기와 맛을 즐기지만 많이 마시면 신경과민이 될 수 있다.

건강상 이유로 커피를 피해야 하는 경우 커피 애호가들은 카페인이 없는 커피를 마신다. 이 디카페인 커피는 원두를 화학적으로 처리해 만든다. 원두에 메틸렌 클로라이드(또는 에틸 아세테이트)라는 약품을 처리하면 카페인 성분이 이 물질과 결합해 공기 중으로 증발한다. 이 외에도 카페인을 없애는 방법은 몇 가지 더 있다.

71
설탕은 왜 단맛이 날까?

단맛이 나는 천연 음식에는 사탕수수 즙, 엿, 감주, 꿀, 과일즙, 콘시럽, 감초즙 등이 있다. 이 음식들이 단맛을 내는 이유는 설탕, 포도당, 맥아당, 과당이라는 탄수화물이 함유돼 있기 때문이다. 식물은 탄소동화작용으로 전분(녹말)을 만든다. 전분은 단맛이 없지만 분해되면 단맛이 나는 탄수화물이 된다.

전분(澱粉, starch)은 분자가 크기 때문에 소화기관에서 흡수하지 못한다. 하지만 위에서 분해돼 작은 분자가 되면 단맛이 나는 포도당, 맥아당,

수박 수박의 즙이 유난히 달콤한 것은 수분이 91%이고 약 6%가 설탕sucrose 성분이기 때문이다. 수박의 원산지는 북아프리카 수단이며, 이집트에서는 수박을 기원전 2,000년 이전부터 재배했다.

과당, 사당(설탕) 등으로 변해 장에서 흡수된다. 단맛이 아주 진한 설탕은 사탕수수나 사탕단풍, 사탕무의 즙에 많이 함유돼 있어 그 즙을 건조해 만든다. 설탕의 화학적 구조는 맥아당 1분자와 과당 1분자가 결합해 있다.

사탕수수즙을 졸이면 검은색 설탕이 된다. 이를 정제하면 흰 설탕이 되고, 더 순수하게 만들면 수정처럼 투명한 얼음사탕 같은 모양이 된다.

밥을 오래 씹으면 약간 달콤한 맛이 나는데, 이는 밥의 전분(탄수화물)이 침에 함유된 효소에 의해 맥아당(麥芽糖)으로 변하기 때문이다. 이 맥아당은 포도당(글루코스) 분자가 2개 결합한 것이다. 맥아당의 단맛은 설탕의 단맛에 미치지 못한다. 감주(식혜)가 달콤한 것은 엿기름(보리를 싹 틔운 맥아)에 포함된 효소(아밀레이스)가 밥의 전분을 분해해 맥아당으로 만들었기 때문이다. 엿은 감주를 장시간 졸여 만든다. 엿을 제조하는 도중에 만들어지는 끈끈한 액체는 조청이라 한다.

설탕과 맥아당은 소화기관에서 포도당으로 변해 영양분이 된다. 혈관에 주입하는 포도당 주사는 직접 영양분이다. 과일의 단맛이나 달콤한 고구마, 양파, 꿀 등에는 과당(果糖, fructose)이라는 포도당과 화학구조가 비슷한 당분이 포함돼 있다. 과당은 설탕보다 단맛이 거의 2배 더 강한데, 꿀이 유난히 단 이유는 꽃의 꿀샘에 과당이 많이 들었기 때문이다.

72
인공 조미료(화학 조미료)는 어떻게 만들까?

사람은 단맛, 짠맛, 쓴맛, 신맛, 매운맛 등을 느낀다. 국을 끓일 때 넣는 재료 중 다시마와 멸치가 있는데, 다시마와 멸치가 내는 독특한 맛은 여기에 포함되지 않는 감칠맛이다. 일본의 화학자 기쿠나에(Kikunae Ikeda, 1864~1936)는 1907년 다시마의 어떤 성분이 음식 맛을 좋게 하는지 연구해 그것이 글루탐산나트륨(monosodium glutamate, MSG)임을 밝혀냈다. 글루탐산은 아미노산의 하나로, 여기에 나트륨이 결합된 물질이다.

그는 콩의 단백질을 화학적으로 처리해 글루탐산나트륨을 합성하는데 성공하면서 이를 상품화하여 '아지노모도'라는 이름으로 판매했다. 이 최초의 인공 조미료를 음식에 조금만 넣어도 맛이 훨씬 좋아졌다. 우리나라에서는 '미원'이라는 상품명으로 유명하다.

1950년대에 박테리아를 이용한 발효법으로 이 조미료를 더 쉽게 대량 생산하게 되었다. 1960년 후반에 이 물질을 쥐에 주사하면 쥐의 뇌와 신경 활동이 저해된다는 연구 결과가 나오면서 일각에서는 인간의 뇌에도 악영향을 줄 수 있다는 주장을 내놨고 이후 인공 조미료는 유해 논란에 휩싸였다. 1986년 미국의 식품안전국(FDA)은 이 물질이 인체에 해롭다고 인정할 만한 증거가 없다며 안전한 물질로 규정했다. 글루탐산나트륨의 주성분인 글루타민은 인체에 필요한 영양분이며, 모유 속에도 함유돼 있다. 글루탐산나트륨이 나온 이후 다랑어, 참치, 조개, 멸치, 닭뼈, 쇠고기 등을 농축한 조미료가 다양하게 개발되었다. 오늘날에는 많은 가정과 식당에서 음식 맛을 더해주는 인종 조미료를 사용하고 있다.

73
알코올은 인체에 어떤 영향을 미칠까?

알코올은 탄소, 수소, 산소로 이루어진 화학물질이다. 술의 주성분은 알코올이지만, 종류에 따라 알코올의 농도와 향료 등에 차이가 있다. 음용 알코올은 에틸알코올 또는 에타놀(ethyl alcohol, ethanol)이라 부르는 물질이다.

술은 약이 될 수도, 독이 될 수도 있다. 인류의 주조 역사는 매우 오래됐다. 수천 년 전, 인류는 과일에 꿀과 곡물을 넣고 물을 부어 죽탕을 만든 뒤, 이를 항아리에 담아 햇빛 아래에 놓아두면 발효가 일어나 술이 된다는 것을 알았을 것이다.

탄수화물이 풍부한 죽탕에 먼지처럼 날아다니던 이스트(yeast, 곰팡이류의 하등식물)가 떨어지면 이스트가 죽탕의 영양소를 섭취해 증식하면서 탄수화물을 알코올과 이산화탄소로 변화시킨다.

시간이 지나면 죽탕에는 알코올이 점점 많아져 농도가 12~18%에 이른다. 이렇게 알코올 농도가 높아지면 이스트는 알코올 속에서 증식을 멈추고 포자(胞子)가 돼 가라앉는다.

술을 마시면 알코올 성분이 목의 점막, 위, 작은창자의 벽에 흡수돼 혈액 속으로 들어간다. 공복 상태에 술을 마시면 알코올이 짧은 시간에 혈액으로 들어가 온몸으로 퍼진다. 혈액에 소량의 알코올이 들어가면 활동을 촉진하는 자극제가 되기도 하지만 많은 양이 공급되면 신경세포 활동에 지장이 생긴다. 또 근육이 정상적으로 협동해 움직이지 못하기 때문에 중심을 잃어 비틀거리고, 혀와 입술이 제대로 움직이지 않아 발음도 제대로 되지 않는다.

이 상태로 운전하면 사고를 내기 쉽다. 술을 계속 마시면 반응 속도가 점점 느려지고 나중에는 의식을 잃어버린다. 술을 절제하지 못하면 건강을 해치고 치료하기 어려울 만큼 중독돼 정상적인 사회생활을 하지 못하게 된다.

이스트 포도나 과일에 포함된 당분이나 곡물의 탄수화물은 이스트가 분비하는 효소에 의해 알코올로 바뀐다. 포도 껍질에 먼지처럼 하얗게 붙은 것은 천연 이스트가 붙어 증식한 것이다.

알코올은 어떻게 세균을 죽일까?

일반적으로 술은 쌀, 밀, 옥수수 등의 곡물(전분)에 이스트(효모)를 번식시켜 제조한다. 효모에서 나온 효소는 전분을 당분으로 변화시키고, 당분을 다시 알코올로 변화시킨다. 이를 '알코올 발효'라고 한다. 알코올 발효 방법으로 최대 15% 도수의 술을 만들 수 있다. 하지만 알코올 농도가 이보다 높아지면 효모가 살기 어려운 환경이 되어 더 이상 발효 작용을 하지 못한다.

이렇게 만들어진 술을 데우면 물보다 알코올 성분이 먼저 증발하므로 이를 모아 냉각시키면 농도가 진한 술을 만들 수 있다. 알코올의 농도가 50% 이상 되는 술은 불을 붙이면 약간 푸른빛을 내며 타오른다.

알코올은 무색이면서 독특한 냄새를 풍기며 효율적인 연료가 되기도 한다. 오늘날 석유화학 공장에서는 알코올을 화학적으로 합성하기도 한다. 알코올은 연소될 때 많은 열을 내기 때문에 자동차 연료로 쓰이기도 한다. 훗날 석유가 부족해지는 날이 오면 알코올을 연료로 써야 할 것이라고 주장하는 과학자들도 있다. 현재도 일부 국가에서는 옥수수를 발효시켜 만든 알코올을 자동차 연료로 사용하고 있다.

알코올은 뇌의 중추신경을 자극해 기분을 고조시키므로 인류는 아득한 옛날부터 여러 종류의 술을 즐겨왔다. 알코올 농도는 술의 종류에 따라 다르다. 농도가 너무 진한 술을 마시면 인체 세포도 세균처럼 지장을 받는다. 맨손으로 농도가 진한 알코올과 장시간 접촉하면 피부가 거칠어진다.

주사를 놓을 때 알코올을 적신 솜으로 피부를 문질러 살균하고 소독한 자리에 주삿바늘을 찌른다. 약국에서 파는 소독용 알코올은 농도가 약 80%로, 이는 세균이나 곰팡이, 바이러스 등을 죽이는 데 가장 효과적이다. 알코올은 박테리아의 단백질을 파괴하는 동시에 지방질을 녹여 살균에 효과가 있다. 하지만 세균의 포자는 단단한 막으로 싸여 있어 알코올에 영향을 받지 않는다.

알코올 종류에는 여러 가지가 있는데, 음용 또는 소독용은 에틸알코올이다. 화학적으로 합성하는 메틸알코올을 실수로 마시면 시력을 잃거나 사망할 수도 있다.

75
설탕은 왜 물에 잘 녹을까?

물이나 알코올과 같은 물질은 분자를 구성하는 원자의 수가 수백 개 이하로 적기 때문에 '저분자 화합물'이라 한다. 반면, 생물체의 몸을 구성하는 전분이나 지방질, 단백질, 섬유질, 합성섬유 등은 많은 원자가 모여 하나의 분자를 이루기 때문에 '고분자 화합물'이라 한다.

고분자화합물은 물에 잘 녹지 않는 성질을 가졌다. 전분도 고분자 화합물이므로 냉수에는 녹지 않는다. 하지만 뜨거운 물에는 잘 녹아 '전분 풀'이라는 끈끈한 액체로 변한다. 전분 풀은 창호지를 바르거나 옷감에 풀을 먹일 때 사용한다.

인간의 소화기관은 고체 상태의 전분, 지방질, 단백질은 흡수하지 못한다. 하지만 이들 영양소에 소화효소가 작용해 저분자로 분해되면 물에 녹는 성질로 변해 장이 흡수할 수 있다.

하지만 달걀의 흰자는 단백질인데도 투명한 액체다. 이 흰자는 알부민 (albumin)이라는 단백질인데, 단백질 중 분자 크기가 가장 작아 물에 녹는 다. 하지만 알부민도 열을 가하면 흰색으로 굳어 물에 녹지 않는 상태로 변한다.

76
위장은 어떻게 음식을 소화할까?

건강한 사람들은 식사를 해도 소화가 금방 돼 시장기를 느낀다. 위가 음식을 잘 소화하는 것은 위장에서 분비되는 소화효소 덕분이다. 위장은 목구멍으로 넘어온 음식을 죽처럼 만들어 장에서 흡수되기 좋게 화학반 응이 일어나는 곳이다. 이는 위 벽에서 소화액이 분비되기 때문인데, 하루 동안 약 6컵에 해당하는 소화액이 나온다.

위장에서 나오는 소화액의 주성분은 염산이다. 염산은 강력한 화학반 응을 일으키는데, 가령 금속인 아연 조각을 염산에 넣으면 금방 녹아버린 다. 실험실에서는 염산이나 황산을 매우 조심스럽게 다룬다. 피부가 닿으 면 화상을 입을 만큼 상하기 때문이다. 염산 한 방울이 옷에 떨어지면 커 다란 구멍이 뚫릴 것이다.

염산(HCl)은 염소(Cl)와 수소(H)가 결합한 물질이다. 위장에서 분비되는 염산은 음식(탄수화물과 지방)만 녹이는 것이 아니라 위 안에 들어온 세균을 모조리 죽이기도 한다. 위에는 염산과 함께 펩신(pepsin)이라는 단백질을 분해하는 소화효소도 다량 분비된다.

음식을 씹어 목구멍으로 넘기면 신경(미주신경)이 자극을 받아 혈액 속에 가스트린(gastrin)이라는 호르몬이 들어가고, 가스트린은 위벽에서 수소와 염소가 결합한 염산을 분비시킨다. 한편 위벽에서는 펩시노겐(pepsinogen)이라는 물질이 분비되는데, 염산과 화학반응을 일으키면 단백질을 소화하는 소화효소(펩신)가 된다.

소화액은 왜 위벽을 깎아내지 못할까?

소고기나 생선의 주성분은 단백질이다. 위장 벽도 단백질이다. 따라서 이론적으로는 소화효소로 가득한 위벽이 다른 음식과 함께 소화효소에 녹아야겠지만 위벽은 끈끈한 점액으로 두껍게 덮여 있어 소화액은 위벽과 접촉하지 못한다. 소화기관의 벽을 보호하는 점액은 끊임없이 재공급돼 위벽을 지켜준다. 하지만 사망하면 위벽에서 점액이 분비되지 않기 때문에 위 벽도 소화효소에 분해되고 만다.

위벽에서는 염산이 분비되는 동시에 소화 작업이 끝나면 염산을 중화시키는 물질도 분비된다. 침(타액)에는 프티알린(ptyalin)이라는 소화효소가 들어 있는데, 염산은 이보다 100만 배나 소화력이 강하다. 프티알린은 알파-아밀레이스(alpha amylase)라고도 불리며, 침샘에서 분비돼 음식을 씹는 동안 침과 고르게 섞이면서 탄수화물을 소화시키는 작용을 한다.

발효 음식은 왜 잘 부패하지 않을까?

곡식을 발효시켜 알코올을 대량 생산하려면 엄청난 양의 약품과 열이 필요하며, 그 과정도 복잡하고 시간과 노력이 많이 들 것이다. 하지만 포도즙이나 삶은 곡식에 이스트(효모)를 섞으면 약품을 첨가하거나 열을 가하지 않아도 알코올이 생성된다.

곡식이나 과일즙, 우유, 채소, 생선(해산물) 등에 미생물을 증식시켜 더 맛있고 영양가가 뛰어나고 씹기 편하고 소화가 잘되고 오래 보존할 수 있게 만드는 과정을 발효(醱酵, fermentation)라고 하며, 발효에 의해 만들어진 음식을 발효식품이라 한다.

동서양인의 밥상에 주로 오르는 김치, 된장, 버터, 치즈, 젓갈 등은 대표적인 발효식품이다. 이 발효식품의 역사는 수천 년 전으로 거슬러 올라간다. 채소를 적당한 양의 소금에 절이면 유산균이 증식하면서 효소를 분비해 독특한 맛과 향기가 나는 김치로 변한다. 김치를 발효시키는 유산균은 적당한 농도의 소금기가 있어야 잘 증식한다.

콩을 삶아 메주를 만들어 달아두면 여러 가지 미생물이 붙어 살게 된다. 이 메주를 적당한 농도의 소금물과 함께 항아리에 넣어두면 나쁜 균은 죽고 소금물 속에서 살 수 있는 바실러스(간균, bacillus)라는 균이 증식하면서 효소를 분비해 영양가가 높고 맛있는 된장으로 변한다.

생선, 새우, 조개 등의 해산물에 적당한 양의 소금을 넣어 시원한 곳에 보존하면 소금기 속에서 살 수 있는 세균이 증식해 해산물의 단백질과 지방질을 분해하여 젓갈이 된다. 소금을 넣지 않으면 바로 부패할 것이다.

치즈는 소나 양의 젖에 미생물을 증식시켜 만든 발효식품이다. 공기 중에는 이런 발효 작용을 하는 미생물의 포자가 무수히 날아다닌다. 따라서 따로 미생물을 배양해 넣지 않아도 자연적으로 발효가 일어난다. 단, 다른 잡균이 살지 못하게 하려면(부패하지 않게 하려면) 적당한 농도의 염분과 온도를 유지하고, 발효하는 동안 공기와 접촉하지 않도록 해야 한다. 발효 음식이라도 지나치게 오래 두면 다른 세균이 들어가 부패하기도 한다.

79
단백질과 아미노산은 어떻게 다를까?

인간이 성장하고 활동하는 데 필요한 탄수화물(녹말), 단백질, 지방질을 '3대 영양소'라고 한다. 이 중 단백질은 우유, 달걀, 쇠고기, 돼지고기 및 생선 살코기의 주성분이다. 인체의 근육과 피부는 물론이고, 각종 효소와 호르몬, 혈액 속에서 산소를 운반하는 헤모글로빈, 머리카락, 손톱의 성분 역시 대부분 단백질이다.

단백질은 종류에 따라 액체 또는 고체 상태다. 식물에는 콩 종류에 단백질이 풍부하게 포함돼 있다. 일반적으로 동물의 몸을 구성하는 단백질은 동물성 단백질이라 하고, 식물의 경우 식물성 단백질이라 한다.

단백질 분자는 매우 크다. 단백질을 섭취하면 소화기관에서 효소 작용으로 작은 분자로 분해되는데, 이를 아미노산(amino acid)이라 한다. 아미노산은 분자 크기가 단백질에 비해 훨씬 작아 소화기관에서 흡수되고 혈액을 통해 다른 곳으로 운반된다.

아미노산은 스무 가지가 있다. 생물체의 몸을 구성하는 모든 단백질은 스무 가지의 아미노산이 다양한 순서와 규모(수천~수만 개)로 결합된 것이다. 인체를 구성하는 20종의 아미노산 중 열두 가지는 체내에서 만들어질 수 있으나, 여덟 가지는 음식물로 섭취해야 한다. 이 여덟 가지 아미노산을 '필수 아미노산'이라 한다.

모든 생물이 핵 속에 가지고 있는 유전자는 어느 아미노산을 어떻게 결합하여 어떤 단백질을 만들 것인가를 결정하는 역할을 한다. 인간은 단백질의 맛을 별로 즐기지 않지만 스무 가지 아미노산은 좋은 맛으로 인식하며, 종류마다 맛도 조금씩 다르다. 콩을 발효시켜 간장이나 된장을 만들면 콩의 단백질은 맛이 좋은 아미노산으로 변한다. 그런 의미에서 콩 자체보다 간장이나 된장이 음식 맛을 더 좋게 만든다.

80
산성 물질은 왜 신맛이 날까?

염산, 황산, 질산, 초산 등과 같이 산(酸)이라는 말이 붙은 화학물질은 신맛이 난다. 식초처럼 신맛이 나는 물질을 '산성 물질'이라 한다. 물과 산성 물질을 혼합하면 분해(전리)되어 수소 이온(H^+)이 생겨난다. H^+로 표시하는 수소 이온은 화학반응을 잘 일으킨다.

산성 물질 중 염산, 황산, 질산은 특히 산성이 강해 강산(强酸)이라 부른다. 이는 화학반응을 매우 잘 일으키므로 이 물질이 피부에 접촉하면 바로 짓무르고, 옷에 닿으면 구멍을 내며 금속과 접촉하면 심한 부식을 일으킨다. 모두 유독성 위험물질로 취급하는 이유다.

강산은 산화작용이 강해 화학공업에서 매우 중요한 요소다. 진한 황산에 물을 부으면 폭발하듯 반응해 부상을 입기 쉽다. 실험실에서는 황산을 희석할 때 물에 황산을 한 방울씩 넣고 휘젓기를 반복한다. 질산은 빛을 받으면 물과 이산화질소, 산소로 자연 분해된다. 실험실에서 질산을 보관할 때는 진한 갈색 병에 넣어 햇볕이 들지 않는 곳에 둔다.

염산은 플라스틱이나 합성섬유 제조에 주로 쓰인다. 염산은 독가스의 원료이기도 하다. 염산의 인체의 위장에서 소화액으로 분비되기도 한다. 위에서 분비되는 염산은 음식물을 소화시키는 동시에 함께 들어온 세균까지 소화시켜 죽게 한다.

81
식초와 빙초산은 어떻게 다를까?

선조들은 마시고 남은 술을 며칠 동안 그대로 두면 식초가 된다는 사실을 안 뒤부터 식초를 만들어 왔다. 술이 식초로 변하는 이유는 술에 포함된 에틸알코올(C_2H_5OH) 성분이 미생물의 작용으로 아세트산(CH_3COOH)이 되기 때문이다.

술에서 생겨나는 아세트산의 농도는 높지 않다. 음식을 조리할 때 사용하는 식용 식초에는 아세트산 외에 유산, 구연산, 주석산 등도 미량 함유돼 있어 맛을 좋게 하는 작용을 한다.

아세트산은 화학공업에서 중요한 합성 원료다. 아세트산은 화학적으로 대량 합성할 수 있다. 빙초산(氷醋酸)은 합성한 순수 아세트산을 말한다. '빙(氷얼음)'을 붙인 이유는 16.7℃보다 온도가 낮으면 아세트산이 얼음처럼 단단한 고체가 되기 때문이다.

산성 물질이지만 탄산, 주석산, 구연산, 인산, 젖산(유산), 사과산, 아세트산 등은 약한 산성이므로 '약산'으로 취급한다. 과일에서 신맛이 나는 이유는 주석산이나 구연산, 사과산 등이 과육에 함유돼 있기 때문이다. 김치의 신맛은 유산균이 번성하면서 생겨난 유산(젖산)의 맛이다.

사이다와 같은 음료를 탄산음료라고 부르는 이유는 사이다를 만들 때 넣는 이산화탄소가 물과 반응해 소량의 탄산수소(탄산)가 생기기 때문이다. 탄산은 신맛이 약하기 때문에 탄산음료를 만들 때는 과일의 구연산이나 주석산을 첨가해 시큼한 맛이 나게 한다. 청량음료에 넣는 구연산을 과일에서 추출하려면 비용이 많이 들기 때문에 대량 생산할 때는 설탕과 같은 당분을 미생물로 발효시켜 얻는다.

과일산 과일에는 주석산, 구연산, 사과산 등의 약한 산성 물질이 포함돼 있으며, 과일에 함유된 산성 물질은 '과일산'이라 한다.

산성 식품과 알칼리성 식품은 어떻게 구분할까?

건강식품과 관련된 정보를 읽다 보면 산성 식품과 알칼리성 식품에 대한 설명을 흔히 볼 수 있다. 식품영양학에서 말하는 산성 물질과 알칼리성 물질은 화학에서 설명하는 것과 차이가 있다. 가령 매화나무 열매인 매실은 신맛을 가진 산성 물질인데도 알칼리성 식품으로 분류한다. 신맛이라고는 전혀 없는 미역을 알칼리성 식품으로 분류하기도 한다.

식품영양학에서 말하는 알칼리성 식품은 화학적으로 알칼리성이라서가 아니다. 음식 성분 중 칼륨이나 칼슘, 마그네슘과 같은 금속 성분이 많이 포함된 것을 말한다. 칼슘은 알칼리성인 수산화칼슘으로, 칼륨은 수산화칼륨으로, 마그네슘은 수산화마그네슘으로 변할 수 있기 때문이다. 반대로 식품에 질소, 황, 인 등의 비금속 원소가 함유돼 있으면 질산, 황산, 인산과 같은 산성 물질로 변할 수 있으므로 산성 식품이라 한다.

따라서 질소, 황, 인을 함유한 단백질 식품(육류, 계란, 생선 등)은 산성 식품으로, 금속성 무기염류가 함유된 채소, 과일, 해초 등은 대개 알칼리성 식품으로 분류한다.

적혈구는 어떻게 산소와 이산화탄소를 이동시킬까?

몸을 움직이거나 공부할 때 필요한 에너지는 근육과 뇌의 세포 내부에서 일어나는 화학반응으로 생겨난다. 이 화학반응에는 산소가 필요하고, 화학반응 후에는 이산화탄소가 생겨난다. 혈관 속을 흐르는 적혈구는 폐(물고기는 아가미)에서 산소를 받아 각 세포로 운반하고, 각 세포에서 생겨난 이산화탄소는 다시 폐에서 내보내는 중요한 역할을 한다. 인체는 이 산소 운반 작업이 5분만 중지돼도 생명이 위태로워진다.

혈액 속에서 산소를 배달하는 적혈구는 도넛 모양이며, 크기는 1,000분의 6mm 정도다. 적혈구 1개는 약 2억 8,000만 개의 헤모글로빈 분자로 구성돼 있다. 헤모글로빈 분자는 약 3,000개의 원자로 구성돼 있으며, 그 중심에 철(Fe) 원자 1개가 있다. 산소는 이 헤모글로빈 분자에 달라붙어 운반되는데, 1개의 헤모글로빈은 4분자의 산소를 운반한다.

세포에 산소를 운반하고 이산화탄소를 받아낼 수 있는 것은 특수한 효소 덕분이다. 폐 속에 일산화탄소나 독가스가 있으면 산소보다 더 쉽게 헤모글로빈과 결합한

헤모글로빈 분자

엽록소 분자 인간과 식물체의 생명을 지키는 헤모글로빈 분자와 엽록소 분자는 모양이 닮았다. 엽록소 분자는 여러 종류가 있지만 구조는 서로 비슷하다.

다. 공기 중 일산화탄소가 0.02%면 두통을 느끼고, 0.1% 이상이면 의식을 잃고 생명이 위험해진다. 담배를 피울 때에도 많은 일산화탄소가 폐로 들어간다.

인체에서 적혈구를 만드는 헤모글로빈이 중요하듯, 식물은 광합성을 하는 엽록소가 중요하다. 흥미롭게도 식물의 엽록소 분자는 헤모글로빈 분자와 비슷한 구조를 띠지만 그 중심에는 철이 아닌 마그네슘(Mg) 원자가 있다.

인간의 위는 왜 섬유소를 분해하지 못할까?

식물은 탄소동화작용(광합성)으로 섬유소(셀룰로오스)와 전분(녹말)을 만든다. 쌀, 콩, 감자, 고구마 등은 대부분 전분으로 이루어져 있다. 이 전분을 먹으면 소화액에 의해 분해되어 글루코스(포도당)로 변한다. 전분은 분자가 크고 복잡하지만 포도당 분자는 작아 장벽에 흡수돼 혈액 속으로 들어갈 수 있으며, 세포로 운반돼 에너지와 영양소로 변한다.

식물은 광합성으로 주로 전분을 생산하지만 포도당, 과당, 맥아당, 사탕, 젖당 등을 만들기도 한다. 화학에서는 전분, 섬유소, 그리고 이들 당분을 총칭해 '탄수화물' 또는 '함수탄소'라 한다.

식물의 줄기나 잎자루가 질긴 까닭은 섬유소 성분이 많기 때문이다. 식물의 섬유소는 식물의 뼈대가 돼 가지를 치거나 강풍이 불어도 쉽게 부러지지 않고 자랄 수 있게 해준다. 재목, 펄프, 솜, 지푸라기 등은 주로 섬유소로 이루어져 있으며, 포도당과 마찬가지로 탄수화물이지만 분자가 크고 복잡하다.

목화씨 목화씨는 흰색의 긴 섬유가 감싸고 있다. 흰 섬유는 거의 순수한 섬유소이며, 이를 가공해 면직물을 만든다.

인간의 소화기관에서는 섬유소를 분해할 수 있는 효소가 분비되지 않는다. 하지만 초식동물(소, 염소, 토끼 등)의 위에서는 섬유소 분해 효소가 나오기 때문에, 풀만 먹어도 살 수 있다. 나무를 갉아 먹는 흰개미는 위에 섬유소를 분해하는 미생물이 공생하고 있어 섬유질을 소화시켜 영양분으로 삼을 수 있다.

수많은 박테리아와 곰팡이, 버섯 등은 섬유소를 분해한다. 쌓아둔 나무와 잎이 부패한 곳에 곰팡이가 피고 버섯이 자라는 이유는 섬유소를 분해하는 능력이 있기 때문이다. 섬유소를 잘 분해하는 미생물을 효과적으로 이용하는 연구가 이루어진다면 버려지는 낙엽, 지푸라기, 나뭇가지 등을 분해해 당분을 얻고 그 당분에서 알코올 등 다른 물질을 생산할 수 있을 것이다.

85
항생물질은 어떻게 세균을 죽일까?

1928년 영국의 과학자 알렉산더 플레밍(Alexander Fleming, 1881~1955)은 '페니실리움'이라는 곰팡이가 세균을 죽인다는 사실을 발견했다. 훗날 이 곰팡이가 분비하는 화학물질의 정체를 알게 된 과학자들은 '페니실린'이라는 이름을 붙였다. 그 후 과학자들은 페니실린처럼 세균을 죽일 수 있는 물질(항생물질)을 분비하는 여러 미생물을 밝혀냈다. 세균의 종류에 따라 항생물질의 성분에 차이가 있다는 사실도 알게 됐다. 이후 항생물질은 세균으로 인한 질병과 상처를 치료해 수많은 생명을 구할 수 있었다.

어떤 미생물은 생존을 위해 다른 미생물의 번식을 억제하거나 죽이는 항생물질을 분비한다. 이 물질은 주변에 있는 다른 세균의 몸을 감싸고 있는 세포벽의 단백질을 파괴해 세포를 죽인다. 그뿐만 아니라 항생물질은

페니실리움(Penicillium) 식빵 표면에 핀 이 페니실리움 곰팡이는 푸른색을 띠어 '푸른곰팡이'라고도 한다.

세균의 몸속 물질도 파괴해 증식을 막는다. 그러면서도 자신이 분비한 항생물질에는 영향을 받지 않는다.

항생물질의 발견으로 인류는 세균의 위협으로부터 안전해졌다. 오늘날 과학자들은 새로운 항생물질을 끊임없이 연구하고 있다. 항생물질은 세계의 유명 제약회사들이 다투어 연구하는 의약품이기도 하다.

86
치아는 왜 단단할까?

인체 부위 중 가장 단단한 조직은 치아이며 그다음이 뼈다. 치아와 뼈 모두 칼슘(Ca)과 인(燐 P)이 결합한 인산칼슘이 주성분이다. 뼈에는 단백질 성분이 많이 포함돼 있어 치아보다 탄성이 좋고, 치아는 뼈보다 단단하지만 탄성이 적다. 따라서 치아는 심한 충격을 받으면 사기그릇처럼 깨질 수 있고, 뼈는 구부리는 힘에 다소 탄성이 있어 충격을 받더라도 쉽게 깨어지지 않는다.

인체는 전체적으로 단백질이 주성분인 근육으로 이루어져 있지만 치아와 뼈는 도자기 성분과 비슷한 세라믹(ceramic)이다. 세라믹은 금속이 아니면서 금속처럼 단단한 시멘트, 도자기, 흙벽돌, 유리와 같은 물질(비금속 무기재료)을 말한다.

부드러운 근육으로 이루어진 인체에서 뼈와 치아 같은 세라믹 물질이 만들어진다는 것은 신기한 현상이다. 세라믹은 금속처럼 단단하면서 화학물질에 잘 변하지 않고, 피부에 알레르기를 일으키지도 않으므로 생명체가 합성하는 놀라운 화학물질이다.

87
마취제는 어떻게 사람을 마취시킬까?

마취를 하지 않고 치과 치료를 받는다면 어떨까. 마취제가 없던 옛날에는 통증을 참을 수밖에 없었다. 전쟁터에 마취제가 없다면 부상자들은 얼마나 고통스러울까? 의사는 상황에 따라 전신을 마취시키거나 수술 부위만을 마취하는 방법(국소마취)을 쓴다. 전신마취법에는 약물을 코로 호흡하게 해 의식을 마비시키는 방법이 있고, 약물을 척추에 주사해 고통을 전달하는 신경을 마비시키는 방법이 있다.

가장 오래된 마취약은 양귀비라는 식물에서 추출한 아편과 코카나무 잎에서 추출한 코카인이다. 1840년대 이후부터 의사들은 '클로로포름'과 '에테르' 같은 화학약품을 전신 마취제로 사용했다. 오늘날에는 '트리클로로에틸렌'이나 '할로테인' 같은 약품을 전신마취제로 사용하는데, 이는 뇌를 일정 시간 마비시키는 작용을 한다.

국소마취 약물은 신경이 느끼는 아픔을 뇌로 전달되지 못하도록 신경을 일정 시간 차단한다. 프로카인, 아메토카인, 코카인, 리도카인 등은 잘 알려진 국부마취제다. 이 마취제들은 그 종류에 따라 마취 효과가 오래가는 것과 그렇지 않은 것이 있으며, 부작용이 생기는 것도 있다.

두통이나 치통이 있으면 흔히 진통제를 찾는다. 진통제 복용 후 통증이 사라지면 그 약이 아픈 부위를 치료한 것이라고 착각한다. 이는 사실이 아니다. 인체는 어딘가 이상이 생기면 해당 부위의 세포가 '프로스타글란딘'이라는 화학물질을 생산한다. 이때 신경세포는 그 물질이 생겨난 장소를 뇌에 알리기 때문에 그 자리에 통증을 느끼게 된다.

진통제를 먹으면 성분이 위장에서 흡수돼 혈관으로 들어가 온몸으로 퍼진다. 아픈 부위에 도달한 약물은 통증을 느끼게 하는 프로스타글란딘을 만들어 내지 못하게 한다. 그러니 뇌도 통증을 감지하지 못한다.

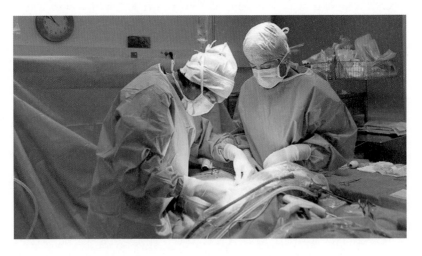

수술 수술실에는 수술을 집도하는 의사 외에 마취를 전문으로 하는 마취과 의사도 있다.

오늘날 마취제나 진통제에는 수많은 종류가 있지만 마취약을 잘못 사용하면 생명이 위험하므로 특히 조심해야 한다. 마취과 전문의사는 수술하는 의사를 도와 긴 수술 시간 동안 마취만 전문으로 담당하는 중요한 역할을 수행한다.

88

복어는 어떻게 사람을 죽일까?

복어는 독어(毒魚)로 잘 알려져 있지만 위험을 느끼면 순식간에 자기 몸을 공처럼 부풀려 크게 만드는 물고기로도 유명하다. 복어가 이처럼 몸을 크게 부풀릴 수 있는 것은 위가 극단적으로 팽창할 수 있기 때문인데, 물속에 있을 때는 위에 물을 가득 채워 부풀리고 수면 밖으로 나왔을 때는 공기를 가득 들이킨다.

독소 복어의 독성분인 테트로도톡신의 분자 구조다. 이 독성분은 복어에 공생하는 박테리아에서 나온 것이다.

복어 복어가 천적을 만나면 물(또는 공기)을 들이켜 복부를 풍선처럼 팽창시킨다. 이때 피부의 돌기가 가시처럼 돋아나 겁을 준다.

복어의 알과 간, 창자, 혈액, 피부 등에는 테트로도톡신(tetrodotoxin)이라는 맹독성 물질이 상당량 함유돼 있다. 복어 한 마리는 30명을 죽일 수 있을 만큼의 맹독을 갖고 있다. 복어를 잘못 먹으면 혀와 입술이 굳고 현기증과 구토가 일어나며 온몸이 쑤시고 심장이 빨리 뛰며 혈압이 내려가 온몸의 근육이 힘을 잃는다.

복어는 전 세계적으로 약 120종이 있지만 모든 종류가 다 독을 가진 것은 아니다. 복어 종류는 열대지방 바다에 많다. 복어를 잡아먹은 물고기와 동물은 대부분 생명을 잃지만, 흥미롭게도 뱀상어와 일부 물고기는 복어를 먹어도 죽지 않는다. 또 수족관에서 키운 복어는 독성이 없다.

복어의 독성분에 대한 의문은 2021년에 밝혀졌다. 이 독은 복어 피부에 공생하는 박테리아(Cytobacillus gottheilli)에서 나온 것이었다. 아마존 원주민이 사냥에 쓰는 독개구리에서도 비슷한 독성분을 찾아볼 수 있다. 독개구리의 독성은 피부에서 분비되는 물질이다. 하지만 독개구리를 인공 양식장에서 키우면 피부에서 독물질이 분비되지 않는다. 독개구리의 독성이 아마존 정글에 사는 미지의 개미, 지네, 진드기 등에서 전파된 것이기 때문이다.

인체에 치명적인 독성 물질은 무엇일까?

사고나 실수로 특정 화학물질을 흡입하거나 섭취하면 목숨을 잃을 수 있다. 수많은 독물 중에서도 시안화칼륨, 승홍(염화제이수은), 아비산(삼산화비소) 등이 대표적인데, 이는 극히 소량도 치명적이다.

인체에 해로운 화학물질 중에는 치명적이지는 않아도 극심한 통증을 유발하거나 피부를 짓무르게 하는 경우가 있는데, 이를 극물(劇物)이라 한다. 진한 황산과 염산, 가성소다(수산화나트륨), 포르말린, 과산화수소 등이 이에 속한다.

독물과 극물을 합쳐 독극물(毒劇物)이라 하는데, 독극물은 인체에 유해하므로 생산, 이용, 운반, 보관, 판매 등에 관한 법률이 정해져 있다. 현재

독버섯 아름다워 보이지만 버섯 중에는 치명적인 독성분을 가진 종류가 많으므로 전문지식이 없으면 채취하거나 식용해서는 안 된다.

법으로 규정하는 독물은 서른여 가지, 극물로 취급하는 물질은 백여 가지다. 이 독극물과 관련된 법률로는 약사법, 식품위생법, 농약법, 독극물법, 화학물질 규제법 등이 있다.

의학에서는 환자 치료를 위해 독극물을 사용하기도 한다. 수면제나 마취제는 극약에 속하며, 아편, 코카인, 바르비탈 등의 습관성 물질은 마약(痲藥)이라 부른다. 마약법은 매우 엄중하다. 동식물 중에도 독극물을 분비하는 것이 다수 있다. 독뱀, 전갈, 독거미의 독이나 독초, 독버섯, 복어 등의 독성분이 대표적이다.

90
유해물질과 위험물질은 무엇일까?

독극물은 아니더라도 인체에 해를 입힐 수 있는 물질을 유해물질이라 한다. 암을 발생시킬 위험이 있거나 병을 일으키는 물질은 식품, 어린이 장난감, 우유병 등에 써서는 안 된다. 오늘날 유해물질로 취급받는 화학물질의 종류는 수천 가지로, 이에 대해서는 전 세계가 공동으로 법률을 정해 사용을 제한하고 있다.

한편 화약이나 폭발하기 쉬운 물질, 또는 불이 나기 쉬운 물질(알코올, 등유, 휘발유, 시너 등), 방사성이 강한 물질 등은 위험물질에 속한다. 위험물질은 안전한 용기에 넣어 정해진 방법으로 운반하고, 불기가 없는 곳에 보관하도록 엄격한 법률로 정해 놓고 있다. 위험물질이지만 가정에서 소독용으로 사용할 수 있도록 농도를 3%로 제한한 과산화수소는 위험물로 취급하지 않는다.

대표적인 위험물질인 폭약은 폭탄이나 탄약으로 쓰인다. 광산이나 토목공사장 등에서 제한적으로 사용하는 것을 '산업용 폭약'이라 한다. 로켓을 쏘아 올리는 연료도 폭약의 일종이다. 불꽃놀이나 폭죽의 폭약도 위험물질이다. 이 모두 법을 준수해 생산하고 사용해야 한다.

91

뱀이나 전갈의 독성분은 무엇일까?

독초나 독뱀, 복어 등은 죽음에 이르게 하는 치명적인 독소를 갖고 있다. 납이라든가 카드뮴, 수은과 같은 공해물질과 니코틴도 독소다. 인간이나 다른 생물체에 해를 주거나 병들게 하거나 죽게 만드는 화학물질은 독물(毒物)이라 한다. 화학물질의 세계에는 독물의 종류가 매우 많아 독물학이라는 연구 분야가 따로 있을 정도다. 의학자들은 "아무리 좋은 약이라

독개구리 남미 인디언들은 독개구리의 피부에서 추출한 독액을 화살촉에 발라 사냥했다. 이 독은 개구리의 피부세포에서 분비되는 것이 아니라 주변에 사는 독충들을 포식해 축적된 것이다.

도 남용하면 독이다."라고 말하기도 한다. 술도 과음하면 독이 돼 사람을 병들게 한다.

독뱀이나 독충의 독처럼 물리거나 찔렸을 때 피해를 주는 화학물질은 독액이라 하고, 흡입해 폐로 들어가면 위험한 기체를 독가스라 한다. 이 독물들은 종류에 따라 성분이 여러 가지이며, 성분마다 인체에 대한 작용도 다르다. 일반적으로 동물이나 식물의 독은 체내에서 일어나는 중요한 화학반응(물질대사)을 방해하거나 세포를 파괴하거나 신경 활동을 저해하거나 순환기관에 피해를 주거나 피가 응고되는 것을 방해하여 출혈을 일으키는 등의 작용을 한다. 독뱀, 독충, 독어, 독초 등으로 피해가 발생했을 때는 절대 민간요법을 따르지 말고 의사를 찾아야 한다.

92 체온은 왜 따뜻할까?

장작을 태우거나 기름이 타면 열이 난다. 열은 무언가를 태울 때만 발생하는 것이 아니다. 물을 수증기로 만들려면 열을 가해야 하지만, 수증기가 응고해 물이 되거나 물이 얼어 눈이 돼도 열이 발생한다. 이 같은 발열 반응은 화학반응에서 많이 볼 수 있다.

체내에서 열이 되는 것은 탄수화물, 지방, 단백질과 같은 영양소다. 이들 물질이 소화과정을 거쳐 혈관을 따라 세포로 이동하고 그곳에서 에너지로 변하는 복잡한 화학반응이 일어난다. 이때 ATP라고 부르는 물질이 다량 생겨나는데, 이것이 ADP로 변할 때 열과 에너지가 발생한다. ADP

는 대사과정에서 다시 ATP로 되돌아간다.

인체의 발열반응은 근육세포에서 많이 일어나는데, 우리 몸에서 발생하는 전체 에너지의 3분의 2는 체온이 되는 에너지이다. ADP와 ATP가 생겨나는 화학반응은 식물이 광합성을 할 때도 일어난다. 모든 생물체의 몸에서 일어나는 화학반응은 지나치게 뜨거운 열을 내지도 않고 공해물질도 만들지 않으면서 소리 없이 진행된다. 이는 온갖 촉매 물질이 화학반응에 관여하기 때문이다.

93
온난화의 주범인 이산화탄소는 어떻게 줄일 수 있을까?

공장, 화력발전소, 자동차, 보일러 등에서 대량 발생하는 이산화탄소(CO_2)의 양이 증가하면서 지구의 평균 기온이 높아지고 있어 기후 재앙을 걱정하는 목소리가 높다. CO_2는 태양에서 오는 적외선이 가진 열을 흡수하는 성질이 강하다. 1960년대 초만 해도 대기 중의 CO_2 양은 평균 0.032%였다. 그러나 반세기가 지나는 동안 그 농도가 0.04%까지 증가했다.

과학자들은 CO_2가 마치 온실처럼 기온을 높인다고 해서 '온실가스'라 부른다. CO_2의 온실 효과에 의해 대기의 기온과 바닷물의 수온이 계속 상승한 결과, 지구에 큰 변화가 일어나고 있다. 남북극의 빙하가 녹으면서 해수면이 높아짐에 따라 많은 육지가 해수로 덮이고 있고, 이상기후 현상으로 폭우, 홍수, 가뭄, 태풍 등의 기상 재난이 증가하고 있다.

CO_2는 나무나 화석연료(석탄과 석유 등)가 연소할 때 대량 생겨나며 부

패하거나 발효가 일어날 때, 동식물이 호흡할 때도 발생하고, 화산에서 분출되는 가스 속에도 포함돼 있다. 이렇게 발생한 CO_2는 바다와 육지의 식물이 탄소동화작용을 할 때 대부분 소비돼 균형을 유지한다.

그러나 산업이 발달하면서 CO_2를 흡수하는 숲이 줄어들고 있다. 지구상에 있는 CO_2의 3분의 1은 바닷물에 녹아 있다. CO_2는 물에 잘 녹고 수생식물은 이를 광합성에 이용한다. 그런데 해양 수온이 높아짐에 따라 바닷물에 녹는 이산화탄소의 양이 줄어들고 있다. 이산화탄소는 수온이 낮아야 물에 더 많이 잘 녹기 때문이다.

온실가스는 인류가 직면한 가장 두려운 환경문제다. '세계기후변화협약'은 온실가스 해결을 위한 세계적인 국제기구다. 온실가스를 줄이기 위해 다음과 같은 노력을 경주하고 있다.

1. 석유·천연가스·석탄 사용을 줄이고, 대체 에너지를 통한 전력 생산을 강구한다.

2. 경제적인 방법으로 수소를 생산해 수소를 연료로 사용한다.

3. CO_2를 흡수해 필요한 탄소화합물로 만드는 기술을 개발한다.

4. 사막에 식물이 자라게 하는 기술을 개발하고 숲을 확장하도록 한다.

5. 바다에서는 식물 플랑크톤과 해조류가 풍부하게 증식하게 한다.

이상의 중요한 온실가스 감축 방법은 대부분 화학자와 생물학자가 해결해야 할 연구 과제이기도 하다.

나프타와 나프탈렌은 어떻게 다를까?

장롱과 옷장에는 좀이나 개미 등 다른 벌레나 기생충이 들어오지 못하도록 나프탈렌을 넣는다. 모직이나 비단, 면직으로 된 옷은 곤충의 유충이 살기 좋은 환경이다. 따라서 장롱에 나프탈렌을 넣어두지 않으면 먼지처럼 작은 좀과 같은 곤충이 번식하면서 섬유를 갉아먹어 옷을 못 쓰게 만들 수 있다.

가정에서는 나프탈렌을 '좀약'으로 부르기도 한다. 나프탈렌은 특이한 냄새를 가진 흰색 고체로, 곤충이나 기생충은 이 물질을 싫어하며 죽기도 한다. 나프탈렌은 고체 상태에서 기체로 승화하는 성질이 있어 옷을 적시지 않는다.

원유에 포함된 물질 중 천연가스를 제외한 나머지를 모두 나프타(naphtha)라 부른다. 원유에서 나오는 휘발유부터 피치에 이르기까지 전부 나프타라고 부르며, 석유화학 제품인 플라스틱, 나일론, 비닐, 합성섬

나프탈렌 나프탈렌 냄새를 많이 들이키면 적혈구가 파괴되는 등 인체에 유해한 경우도 있으므로 일부러 손으로 만지거나 냄새를 맡는 것은 삼가야 한다. 특히 아이들이 만지지 않도록 플라스틱 케이스에 넣어두는 것이 좋다.

유 등은 나프타에서 가려낸 물질로 만든다. 좀약으로 사용되는 나프탈렌은 이 나프타에서 분리한 하나의 성분($C_{10}H_8$)이다. 콜타르에는 상당량의 나프탈렌이 포함되어 있다.

묵과 젤리는 액체일까, 고체일까?

해파리의 몸은 투명하고, 수분이 다량 포함된 물렁물렁한 성분으로 구성되어 있다. 이런 물질을 젤리(jelly), 젤(겔, gel), 젤라틴(gelatin)이라 부르고, 화학에서는 하이드로젤(hydrogel) 또는 콜라겐(collagen)이라 칭한다. 육류나 생선, 뼈다귀를 삶은 국물이 식으면 표면에 반고체 상태의 하이드로젤(콜라겐)이 뜬다. 이런 하이드로젤을 이용해 얼음사탕, 마시멜로, 젤오(jell-o) 같은 과자, 식품, 의료용 보형물, 음료, 접착제 등을 만들어 여러 가지 용도로 편리하게 쓰고 있다.

육류나 동물의 뼈를 끓이면 단백질 성분이 우러난다. 단백질이란 여러 가지 종류의 아미노산이 길게 연결된 물질이다. 육류를 물과 함께 가열하면 단

젤라틴 젤라틴은 본래 색과 냄새가 없지만 식품으로 가공할 때 과일즙, 색소, 향료, 감미료 등을 넣어 맛나고 보기 좋게 만든다.

백질 분자는 각종 아미노산 분자로 쪼개지고, 이 아미노산 분자들은 서로 길게 결합하여 젤라틴이 된다.

젤리 과자는 수분이 대부분이지만 절대 물이 흘러나오지 않는다. 아미노산 분자들이 그물처럼 퍼져 있어 물 분자들이 끈끈이에 파리가 붙듯 결합해 있기 때문이다. 그래서 변형되지 않는 고체상이면서 물을 가득 머금을 수 있다.

체중이 60kg이면 36kg이 물이다. 그런데도 근육에서 물이 흘러나오지 않는 것은 물 분자들이 혈관과 세포 속의 아미노산 폴리머와 결합하여 하이드로젤 상태로 있기 때문이다. 젤오를 가열하면 결합이 끊어져 액체 상태가 된다. 물이 화학적 결합을 한 것이 아니라 물리적으로 붙어 있었기 때문이다.

하이드로젤은 달콤하고 말랑한 캔디로만 쓰이는 것이 아니라 성형 보형물로도 이용되고 있다. 인체의 안구(眼球)를 둘러싼 각막(角膜)은 항상 수분으로 젖어 있어야 한다. 또 이 각막을 구성하는 세포들은 공기로부터 직접 산소를 공급받고 있다. 따라서 각막 위에 콘택트렌즈를 장착하면 산소 공급이 차단된다. 콘택트렌즈를 하이드로젤로 만드는 이유다. 하이드로젤 렌즈는 물과 결합한 폴리머이기 때문에 정상 눈처럼 산소가 통과할 수 있다.

아기 용변을 받아내는 기저귀는 부드러우면서 물을 많이 흡수할 수 있어야 편리하다. 화학자들이 고안한 하이드로젤 중에는 본래 무게보다 3,000배나 많은 물을 머금을 수 있는 물질도 있어 이 하이드로젤을 염가로 생산할 수 있다면 기저귀 재료로 최상일 것이다.

하이드로젤 구슬로 만든 화분에는 물을 많이 주어도 밑으로 흘러나오지 않는다. 또 오랫동안 물을 주지 않아도 서서히 수분이 확산되기 때문에 식물도 오랫동안 마르지 않는다.

3장

석유와
합성물질의 화학

96
플라스틱은 누가 최초로 발명했을까?

플라스틱이 없던 시절에는 덩굴성 식물인 박의 열매를 말려 가공한 바가지를 사용했다. 지금은 플라스틱 바가지뿐만 아니라 소쿠리, 방석 등 수많은 생활용품들도 플라스틱으로 만든다. 주변을 둘러보면 온통 플라스틱이다. 플라스틱이 없다면 얼마나 불편할지 상상조차 하기 어렵다.

플라스틱의 역사는 약 180년 전으로 거슬러 올라간다. 플라스틱(plastic)은 '원하는 대로 모양을 만들 수 있다'를 뜻하는 말이다. 우리말로는 합성수지(合成樹脂)라고 하며, 화학적으로 합성해 만든 광범위한 제품을 총칭한다. 플라스틱에는 그릇이나 장난감뿐 아니라 천으로 된 합성섬유도 있고 비닐처럼 얇게 만든 것도 있다.

1855년 영국의 발명가인 알렉산더 파크스(Alexander Parkes, 1813~1890)는 섬유소(셀룰로스)에 질산과 알코올, 장뇌(樟腦)를 혼합해 코끼리 상아와 비슷한 재질의 플라스틱을 최초로 합성했다. 그가 만든 물건은 단단하면

당구공 플라스틱은 열을 가하면 무르고 식으면 단단해지면서 탄성이 높아진다. 플라스틱으로 당구공을 만들면서 코끼리 사냥도 줄었다. 당시에는 코끼리 상아 1개로 5~7개의 당구공을 만들었다고 한다.

서 유연하고 투명했다. 그는 이것으로 1862년 런던에서 개최된 세계박람회에서 발명상을 받았다. 하지만 그가 합성한 물건은 시간이 흐르면 금세 금이 갔다.

1868년 미국의 존 웨슬리 하얏트(John Wesley Hyatt, 1837~1920)는 새로운 합성 방법으로 특허를 얻었다. 당구공은 그전까지 코끼리의 상아로 만들어 값이 매우 비쌌다. 그가 플라스틱으로 만든 당구공은 값도 싸고 만들기도 쉬웠다. 그는 자신이 새로 합성한 물질을 '셀룰로이드'라고 불렀으며, 이를 재료로 단추, 머리빗 등 여러 가지 물건을 만들었다. 이 명칭은 질산과 셀룰로스를 이용해 만든 원료(니트로셀룰로스)라는 의미로 붙은 것이었다.

'나일론'은 누가 붙인 명칭일까?

나일론은 대표적인 플라스틱 제품이었다. 1904년까지는 셀룰로이드가 유일한 플라스틱이었다. 당시 네덜란드의 리오 헨드릭 베이클랜드(Leo Hendrik Baekeland, 1863~1944)가 베이클라이트(bakelite)라는 물질을 합성하는 데 성공했다. 이후 전 세계의 수많은 화학기업들이 합성물질 개발 경쟁을 벌였다.

미국의 화학기업 듀폰(Dupont)은 1927년부터 비밀리에 새로운 합성섬유를 연구하고 있었다. 그 연구의 중심에는 화학자 월리스 캐러더스(Wallace Carothers, 1896~1937)가 있었다. 1939년 드디어 '나일론'이라는 상품명을 붙인 최초의 합성섬유가 나왔다. 나일론으로 처음 만든 물건은 칫솔이었다. 그리고 곧 명주실처럼 가느다랗고 질긴 나일론 섬유를 생산

정유회사 플라스틱 원료는 원유를 분해하는 정유공장에서 나오는 물질을 주로 사용한다.

해 나일론 섬유 시대를 열었다.

당시 제2차 세계대전이 한창이었던 만큼 나일론은 낙하산 재료가 되었고, 여성용 스타킹으로도 만들어졌다. 좋은 것은 무엇이든 나일론이라는 말로 표현하기도 했다.

1940년대 이후 온갖 종류의 합성물질(플라스틱)이 발명됐다. PVC, 스티로폼, 우레탄, 합성고무, 인조 가죽, 에폭시, 아크릴, 폴리에틸렌 등의 수백 가지 플라스틱이 나오게 된 것이다.

98
플라스틱이 불에 타면 왜 유독가스가 나올까?

오늘날 건축물의 내외부 자재로 주로 플라스틱을 쓴다. 플라스틱 판을 벽에 덧대고, 벽 안에는 우레탄에 거품을 넣은 방열재가 들어 있다. 벽에는 비닐 벽지가 발라져 있고, 마룻바닥에는 플라스틱 타일이 깔려 있다. 실내를 장식한 커튼도 합성섬유로 만든 것이 대부분이며, 가구들도 염가의 플라스틱이 제품이 많다.

플라스틱 구성 성분에는 탄소, 산소, 수소 외에 염소, 질소, 황 성분도 포함되어 있다. 이 성분이 불에 타면 일산화탄소, 시안가스, 염소가스, 산화질소, 사염화탄소, 이산화황 등의 유독성 가스로 변하게 된다.

특히 일산화탄소는 공기 중 1%만 포함되어 있어도 치명적이다. 일산화탄소는 혈액 속 헤모글로빈과 산소보다 더 잘 결합해 산소 결핍 현상을 일으킨다. 그 외 유독가스들은 기관지의 점막과 폐 내부 조직을 파괴한다.

독가스를 흡입하면 5분을 견디기 어렵다. 따라서 실내에서 화재가 일어나면 숨을 참고 빨리 탈출하는 것이 최선이다.

왜 석유와 식용유는 '기름'이라고 부를까?

먹어도 좋은 쇠기름, 돼지기름, 올리브유, 버터, 참기름, 콩기름, 샐러드유, 땅콩기름, 야자기름 등은 식용유라 부른다. 식용유는 모두 인체의 영양소가 된다. 동물성 지방이든 식물성 지방이든 식용 기름을 통틀어 식용 유지(食用油脂)라고 부르기도 한다. 식용 유지는 종류에 따라 보통 상온(25℃ 근처)에서 고체 상태인 것이 있고, 액체 상태인 것이 있다. 버터는 상온에서는 고체 상태이지만, 주변 온도가 높아지면 액체 상태로 녹는다.

이 유지에 가성소다(수산화나트륨)를 넣고 끓이면 지방산나트륨(비누)과

운반선 석유는 기름이라고 부르기보다 '석유'나 '원유'라고 부르는 것이 더 정확하다.

에스테르가 생겨난다. 이렇게 만든 비누 속에는 물과 에스테르가 혼합돼 있어 비누공장에서는 물과 에스테르를 제거하고 순수한 비누만 골라내 단단하게 뭉쳐 덩어리 비누를 만든다.

석유나 등유, 가솔린, 엔진 오일, 파라핀 등도 기름이라고 부르는 이유는 액체이면서 걸쭉하기도 해 붙은 명칭인 듯싶다. 원래 기름을 뜻하는 oil(기름)은 '끈끈하다'라는 의미를 갖고 있다. 하지만 식용유와 원유에서 나온 기름의 화학적 성분과 성질은 매우 다르다.

부패하는 플라스틱은 어떻게 만들까?

플라스틱 제품은 녹슬지도 않고 거의 부패하지 않는다. 이는 플라스틱의 장점이다. 하지만 함부로 폐기하면 환경문제를 일으킨다. 플라스틱은 잘 타지만 그 과정에서 유독가스가 발생하고 환경 호르몬 등 위험한 오염물질도 남긴다. 오늘날 각국은 플라스틱 폐기물을 회수해 재활용하려는 노력을 기울이고 있다.

플라스틱 폐기물은 제조 원료에 따라 일반적으로 여섯 가지에서 일곱 가지로 분류해 수거한다.

1. PET(페트) : 물, 음료, 식용유 등을 담은 플라스틱 용기로, 흔히 페트병이라 부른다.

2. HDPE : 세제 용기, 우유병

3. PVC : 플라스틱 파이프, 실외 가구, 물통

4. LDPE : 비닐봉지, 음식 포장용 얇은 비닐, 겨울 하우스용 비닐

5. PP : 요구르트병, 빨대

6. PS : 스티로폼, 라면 용기

7. 기타 특수 플라스틱

오늘날에는 세균에 의해 분해되거나 햇빛(자외선)을 받거나 수분에 젖으면 서서히 분해되는 플라스틱 종류도 일부 생산되고 있다. 부패 가능한 플라스틱은 '바이오플라스틱(Bioplastic)'이라 부른다. 바이오플라스틱은 세균이 분해할 수 있도록 전분(澱粉)을 넣어 만드는데, 생산 단가가 높아 일반화되지 못하고 있다. 게다가 지금까지 개발된 바이오플라스틱은 분해되는 데 장시간이 걸린다.

바이오플라스틱 골프장에서 골프공을 얹어두는 티(T)는 쉽게 분해되도록 바이오플라스틱으로 만들기도 한다. 흔히 쓰는 일회용 수저나 포크 등은 바이오 플라스틱으로 제조하고 있다. 바이오플라스틱은 일반 플라스틱과 성분이 달라 분리 배출할 때 일반 쓰레기로 버린다.

음식 포장용 랩 필름은 무엇으로 만들까?

배달 음식은 얇은 비닐 랩(vinyl wrap)으로 싸는 경우가 많다. 이 랩 필름은 자세히 관찰해 보면 다른 비닐에 비해 훨씬 얇다.

랩 필름은 박막(薄膜)이지만 공기나 수분이 투과하지 못하고 음식이나 식기에 잘 밀착하고 탄성이 좋아 적당히 늘어난다. 또한 −60℃의 저온이나 140℃의 고온에서도 변질되지 않으며 매우 질기다. 특히 색이 투명하고 무미, 무색, 무취이며 인체에 해로운 물질(환경 호르몬 등)이 나오지 않는 것으로 알려져 있다.

랩 필름의 원료는 폴리염화비닐리덴(Polyvinylidene chloride)이라 부르

는 석유화학제품의 하나이며, 일반 비닐을 만드는 원료 물질과 비슷하다. 이것으로 식품을 싸면 식품의 냄새가 빠져나가지 않고 세균도 침입하지 못한다. 그리고 랩 필름으로 쇠붙이를 밀착 상태로 싸두면 산소를 차단해 녹스는 것도 방지해 준다.

랩 필름 폭과 색이 다양한 여러 규격의 비닐 랩이 생산되고 있다.

오염유를 화학적으로 분해하는 방법은 없을까?

2007년 12월 서해에서 발생한 원유 유출 사고는 큰 피해를 초래했다. 원유 유출 사고는 전 세계 바다에서 수시로 일어나고 있다. 원유를 뒤집어쓰고도 살아남을 수 있는 생물은 석유 속에 사는 특별한 미생물을 제외하고는 없다. 따라서 원유 유출 사고가

원유 유출 원유 유출로 해안과 바다가 오염되면 수중과 개펄에 사는 모든 미생물과 동식물이 죽는다.

발생한 바다에서는 방제 작업을 하더라도 환경이 회복되기까지 긴 시간이 걸린다.

원유는 물보다 가벼워 바다에 쏟아지면 아주 얇은 막으로 수면을 넓게 뒤덮는데, 휘발성 물질들은 공중으로 날아가고 나머지 성분들은 서로 엉겨 검은 타르(tar)가 된다. 수면에 쏟아진 기름은 불에 타지도 않는다. 태울 수 있다 하더라도 유독한 연기가 발생해 대기오염을 일으키므로 국제적으로 금하고 있다.

기름을 녹이는 비누와 비슷한 역할을 하는 화학물질(계면활성제)을 뿌려 화학적으로 처리하기도 한다. 계면활성제는 기름 성분과 화학반응을 해 먼지만큼 작은 크기로 분해한다. 작은 입자가 되면 자연적으로 분해되기도 하고, 일부는 해저에 가라앉기도 한다. 그러나 이 방법 역시 또 다른

환경오염을 일으킬 수 있어 유의해야 한다.

석유를 먹고 분해하는 미생물을 뿌리는 방법도 연구 중이다. 하지만 실험실에서는 잘 자랐던 미생물이 바다에 뜬 석유에서는 잘 번식하지 못했다. 한편, 석유를 먹는 미생물이 타르를 분해하더라도 또 다른 피해를 입힐지 모른다는 우려도 있다. 바다에 유출된 원유를 효과적으로 처리하는 화학적 방법은 중요한 연구과제다. 하지만 그보다 중요한 것은 원유 유출 사고가 발생하지 않도록 예방하는 일이다.

103
유전에서 발생한 화재는 왜 다이너마이트로 진압할까?

폭약은 폭탄이나 총탄으로 사용되기보다 토목공사장에서 바위를 폭파하거나 광산에서 굴을 뚫을 때 더 많이 쓰인다. 다이너마이트가 발명되기 전에는 '흑색화약'이라 부르는 폭약을 사용했다. 흑색화약은 질산칼륨에 황과 숯가루를 혼합해 만드는데, 10세기부터 중국에서 알려진 제조법이다. 우리나라는 최무선이 14세기 말에 흑색화약 제조법을 처음 도입했으며, 나중에는 임진왜란 전투에서 쓰였다.

유전 화재는 규모가 크고 불길이 거세기 때문에 일반적인 방법으로는 진압할 수 없다. 때문에 유전 화재 소화 전문가들은 다이너마이트를 대규모로 폭발시켜 불을 끈다. 폭탄이 터지는 순간 주변 산소를 모두 소모하면 불길을 잡을 수 있는 틈이 생기기 때문이다.

눈이 많이 내리는 고산의 스키장에서는 눈사태가 나면 위험하므로 다이너마이트를 터뜨려서 미리 눈사태를 일으켜 이용객들을 보호하기도 한다.

오늘날에는 연구 업적이 뛰어난 과학자에게 영예로운 노벨상을 수여한다. 이 상은 1866년 다이너마이트를 처음 발명하고 다음 해 특허를 얻어 전 세계에 공급해 거부가 된 스웨덴의 화학자이자 기술자인 알프레드 노벨이 설립한 재단에서 주관한다. 노벨의 다이너마이트는 흑색화약보다 폭발력이 강하면서도 안전하다.

다이너마이트의 원료는 니트로글리세린으로, 폭발력이 매우 강한 물질이다. 이 화합물은 질산에 글리세린과 황산을 결합해 만든다. 일반적으로 다이너마이트는 운반 도중 발생할 수 있는 충격 등에 안전하도록 밀가루 같은 규조토를 혼합해 가로세로 2.5cm, 길이 20cm의 막대기 모양으로 만든 후 종이로 싸서 공급한다.

유전 화재 드물게 발생하는 유전 화재는 전시에 적대국의 공격으로 발생하는 경우가 많다.

폭약 중에 TNT라는 것도 있는데, 이는 톨루엔과 질산과 황산을 섞어 만든다. TNT는 온도가 240℃ 이상일 때 폭발하고 충격에도 잘 견뎌 탄약이나 폭파용으로 쓰인다.

탄화수소란 무엇일까?

석유 등잔불 위에 유리 조각을 가까이 가져가면 유리 표면에 그을음이 생긴다. 이는 석유 성분 속에 탄소가 있다는 증거다. 또 석유스토브 위에 냉수가 담긴 주전자를 얹으면 밑바닥에 물방울이 한동안 맺히는 것을 볼 수 있다. 이는 석유 속의 수소가 공기 중의 산소와 반응해 맺히는 것이다. 주전자의 물을 가열하면 밑바닥에 물방울이 매달릴 틈도 없이 바로 수증기로 변한다. 아침 기온이 매우 낮을 때 자동차 배기관에서 흰 수증기가

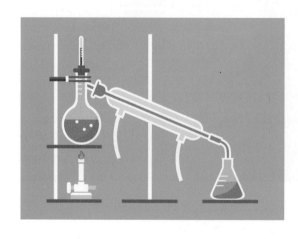

증류 원유를 가열하면 낮은 온도에서 기체로 변하는 물질부터 증발해 나온다. 이처럼 온도 차이를 이용해 물질을 분류하는 것을 '증류'라고 하며, 원유를 대규모로 증류해 여러 종류의 화합물로 정제精製하는 시설을 '정유精油공장'이라 한다.

나오는 것도 같은 이유이다.

유전에서 퍼 올리는 원유에는 여러 종류의 물질이 혼합되어 있다. 천연가스 역시 여러 종류의 가스가 포함되어 있다. 원유를 증류(蒸溜)하면 휘발유, 등유, 경유, 중유, 벤젠, 헥산, 아스팔트 등이 생산된다. 천연가스에는 메탄, 에탄, 프로판, 파라핀 등이 포함돼 있다. 휘발유를 더 분해하면 벤젠, 톨루엔, 이소-옥탄 등이 추출된다.

원유와 천연가스에 포함된 이 물질들은 모두 탄소와 수소만으로 이루어진 간단한 화학구조를 가지고 있다. 화학에서는 탄소와 수소로 이루어진 물질을 '탄화수소'라고 부른다. 원유는 여러 가지 탄화수소가 섞인 혼합물이다.

탄화수소 가운데 고체 상태인 물질로는 파라핀, 나프탈렌, 폴리에틸렌, 폴리프로필렌, 폴리스티렌 등이 있다. 화학의 세계에서는 탄화수소와 기타 물질을 반응시켜 수만 가지 물질을 합성하고 있다. 일반적으로 '석유화학'은 원유에서 나오는 물질로 여러 가지 화합물을 생산하는 연구를 말한다.

105
천연섬유와 합성섬유는 어떻게 다를까?

옷을 만드는 세 가지 중요한 천연 원료는 목면(솜), 양털, 누에의 실(견사)이다. 이들 천연섬유가 없었더라면 인간은 동물의 가죽이나 나뭇잎으로 만든 옷만 입고 살아야 했을 것이다. 솜의 성분은 탄소, 수소, 산소로 이루어진 섬유소(셀룰로스)이고, 양털과 견사의 성분은 단백질이다.

합성섬유 합성섬유의 원료는 대부분 원유를 정제할 때 나오는 물질로 만들어진다.

합성섬유 연구는 20세기 들어 활발하게 진행되었다. 전쟁은 때때로 과학과 기술의 발전을 재촉하는 동기가 되어 왔다. 독일은 제2차 세계대전 중에 양털보다 가볍고 세탁해도 곧 마르는 합성섬유인 아크릴섬유를 먼저 개발했다.

한편 제2차 세계대전 이전까지 미국은 견사와 견직물을 일본에서 대부분 수입하고 있었다. 이때 미국이 수입한 견사의 상당량은 한국 농촌에서 생산한 것이었다. 미국과 일본의 관계가 악화되자 미국은 일본에서 견직물을 수입할 수 없으리라고 생각해 합성섬유 연구에 매진했다. 그 결과 미국의 젊은 화학자 캐러더스는 나일론이라는 합성섬유를 개발했고, 이후 여러 가지 합성섬유를 연이어 대량 생산하게 되었다. 오늘날 수많은 종류의 합성섬유가 있지만 천연섬유는 여전히 고가의 고급 섬유로 취급되고 있다.

천연색소와 합성색소는 어떻게 다를까?

오늘날에는 IT(정보통신과학), BT(생명과학) 같은 연구 분야가 전도유망한 산업으로 인정받고 있다. 하지만 1900년대 초부터 수십 년 동안은 인공 색소를 합성하는 색소 화학산업이 가장 유망한 성장 산업이었다.

색소 산업은 앞으로도 계속 첨단산업으로 성장할 것으로 보인다. 화려한 옷과 다양한 물감, 페인트, 인쇄용 잉크, 그림물감, 도로에 바르는 도료, 색종이, 화장품, 손톱에 바르는 매니큐어의 색에 이르기까지 세상은 온통 색의 세계라고 할 수 있다.

선사시대 사람들은 동굴에 벽화를 그릴 때 검댕이나 점토 또는 산화철의 붉은색으로 칠을 했다. 그 이후에는 색소를 가진 식물이나 곤충의 날개, 조개, 암석 등에서 염료를 추출해 옷에 물을 들이거나 접착제와 섞어 벽을 칠하거나 그림을 그렸다. 하지만 천연색소는 종류도 많지 않고 잘 변색되며 대량으로 구하기가 어려웠다.

18세기 중반부터 산업혁명이 일어나면서 천을 짜는 방직공업이 크게 발전했다. 그에 따라 대량 생산된 섬유를 물들이기 위해 대량의 염료가 필요했다. 하지만 당시 천연색소는 금값이었다. 특수한 물감 제조법을 고안하더라도 비밀리에 전수되는 식이었다.

19세기 말부터 20세기 중반에 이르기까지 합성화학이 발달하자 다수의 사업가와 화학자들은 아름다우면서 염색이 잘 되고 자외선을 받아도 퇴색하지 않으며 물에 빨아도 색이 빠지지 않는 인공색소 개발에 경쟁적으로 참여했다. 오늘날 세계적 명성을 가진 많은 화학회사는 당시 인공색소 합성회사로 출발했다.

당시의 화학자들은 천연색소가 가진 성분을 분석해 그와 같은 성분의 물질을 인공적으로 합성하는 데 주력했다. 이렇게 발달한 색소과학에 힘입어 오늘날과 같은 아름다운 색의 세계가 탄생하게 되었다.

4장

기체, 액체, 고체의
성질과 변화

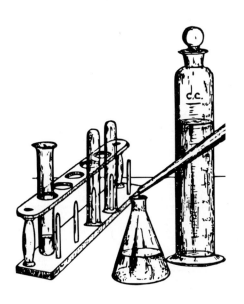

불활성기체란 무엇일까?

비활성 기체는 헬륨(He), 네온(Ne), 아르곤(Ar), 크립톤(Kr), 크세논(Xe), 라돈(Rn) 등 여섯 가지 원소를 말한다. 수소 다음으로 가벼운 기체인 헬륨은 비행선에 쓰이고, 아르곤이나 네온 기체는 네온사인에 쓰여 화려한 밤거리 풍경을 만들고 있다.

20세기가 거의 끝날 때쯤까지만 해도 이 기체들은 다른 원소와 절대 화학반응을 일으키지 않고 홀로 존재하는 것으로 여겨졌다. 때문에 화학자들은 이것들을 '불활성기체'라고 일컬었다.

화학자들은 불활성기체와 다른 원소의 화학반응을 일으키려 온갖 노력을 기울였다. 화학자들은 이 기체들이 다른 원소와 결합해 화합물을 만든다면 예상치 못한 신비한 성질을 가진 물질이 되리라고 생각했다. 1992년 영국의 화학자 닐 바틀렛(Neil, Bartlett, 1932-2008)은 마침내 크세논과 백금, 플루오르의 세 가지 원소를 결합한 화합물 $XePtF_6$을 만들었다. 이후 화학

풍선 풍선과 열기구 비행선에는 불활성기체이면서 수소 다음으로 가벼운 헬륨 가스를 채운다. 수소는 생산하기도 쉽고 더 가볍지만 폭발 위험이 있다.

자들은 30종류 이상의 비활성 기체 화합물을 만드는 데 성공했다. 흥미로운 것은 이 화합물에는 반드시 플루오르(불소) 원소가 들어간다는 것이다.

헬륨은 우주에는 수소 다음으로 많은 원소이지만, 지구의 대기 중에는 거의 없다. 너무 가벼워 지구 밖으로 탈출했기 때문이다. 하지만 천연가스에는 상당량의 헬륨이 포함되어 있다. 열기구나 풍선을 채우는 헬륨은 천연가스에서 분리해 내 액체 상태로 만든 것을 고압 탱크에 넣어 보관한 것이다.

불소는 어떤 원소일까?

플루오르(F, 원자번호 9)는 우리말로 불소(弗素)라 불리는 연한 황갈색 기체다. 이 원소는 화학반응을 유난히 잘 일으켜 거의 모든 원소, 심지어 불활성기체로 알려진 아르곤이나 크립톤, 크세논, 라돈과 같은 기체와도 반응한다. 플루오르와 수소를 반응시키면 폭발하듯이 결합하고, 플루오르를 녹인 물은 모래나 유리(규소)조차 녹일 수 있는 플루오린화수소산이 된다.

플루오르는 독성이 워낙 강해 피부에 닿으면 심한 화상을 입을 수 있다. 이 물질은 규소(모래의 성분)를 녹이는 성질이 있어 반도체를 부식할 때 사용하고, 우윳빛 유리나 전구를 만들 때도 쓰인다. 플루오르는 의약품으로도 쓰이지만 워낙 위험한 물질이라 화학자들도 실험에 사용하기를 꺼린다.

이 원소를 1886년에 처음 순수하게 분리한 프랑스 화학자 앙리 무아상(Henri Moissan, 1852~1907)은 실험 도중 한쪽 눈을 잃었고, 다른 몇몇 화

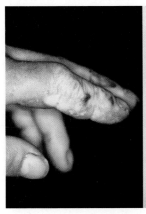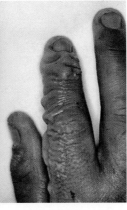

화상 플루오르와 수소를 결합시킨 플루오린화수소에 화상을 입은 손. 플루오린화수소는 황산이나 염산처럼 위험한 물질이지만 화학공업에서는 촉매제로 사용하기도 한다. 실수로 접촉했다면 즉시 흐르는 물로 15분 이상 씻고 의사의 치료를 받아야 한다.

학자들도 비슷한 피해를 입었다. 무아상은 플루오르 연구로 1906년에 노벨 화학상을 수상했다.

오늘날 화학의 세계에서 플루오르는 없어서는 안 될 원소다. 원자로 가동에 필요한 우라늄-235를 우라늄-238로부터 분리하는 데도 필요하다. 과거에는 냉장고의 냉매로 쓰였던 프레온(CCl_2F_2)의 성분이기도 했다. 플루오르는 홀로일 때는 매우 위험한 원소이지만, 프레온이 되면 불에 타지도 않고 알칼리나 산에 변하지도 않으며, 다른 원소와 결합시켜도 반응을 일으키지 않는 안정한 성질을 갖는다.

109
수소와 산소를 유리병에 담으면 물이 생길까?

작은 그릇에 물을 담고 9V 건전지와 연결한 음극과 양극 전극을 물에 꽂아두면 양극(+)에서는 산소가 나오고 음극(-)에서는 수소가 발생한다. 이를 물의 전기분해라고 한다. 그런데 산소와 수소를 함께 유리병에 담아 상온에 두면 100년이 지나도 물방울이 보이지 않는다. 두 원소 사이에 화학반응이 너무 느리게 일어나기 때문이다. 하지만 두 원소가 담긴 그릇이 뜨거워지면 수증기가 유리병 벽에 금세 맺히는 것을 볼 수 있다. 열로 인해 화학반응 속도가 빨라졌기 때문이다.

열은 왜 산소와 수소의 화학반응을 촉진시킬까? 가령 산소와 수소가 결합하려면 산소와 수소의 분자(O_2, H_2)가 아니라 원자 상태의 산소와 수소(O, H)가 서로 만나야 한다. 일반적으로 산소나 수소 분자는 원자 상태가 되지 않지만, 뜨거운 열이 작용하면 쉽게 원자 상태가 돼 두 원자가 빨리 결합한다.

약 180년 전 쯤, 독일의 화학자 요한 볼프강 되베라이너(Johann Wolfgang Döbereiner, 1780~1849)는 매우 이상한 현상을 발견했다. 산소와 수소를 함께 담아둔 병에는 오랫동안 물이 생기지 않는데, 같은 병에 백금으로 된 철사를 집어넣었더니 곧바로 물이 생겨난 것이다. 그는 백금 철사를 관찰했지만 아무런 변화가 없었다. 백금 철사를 넣으면 물이 생겨나는 이유는 백금이 산소와 수소가 빨리 반응하도록 작용하기 때문이다. 화학변화가 잘 일어나도록 돕는 물질을 '촉매'라고 한다. 생물의 몸에서 온갖 화학반응이 쉽게 일어나도록 촉매작용을 하는 것은 '효소'라 불린다.

110
폭발 사고를 일으키는 메탄가스는 왜 땅속에서 생길까?

지하 깊은 탄광에서는 때때로 폭발 사고가 일어난다. 지하에는 지구가 탄생할 때, 또는 생물체가 땅에 파묻혀 석탄이나 석유로 변화될 때 함께 발생한 메탄가스가 상당량 묻혀 있다. 암석 틈에 고여 있던 메탄가스가 탄광 갱도로 스며들어 고여 있다가 작은 불씨를 만나면 폭발하는 것이다.

메탄이라는 기체의 화학식은 CH_4이고, 동식물이 부패하거나 발효를 일으킬 때 발생한다. 시궁창이나 폐수처리장, 젖은 쓰레기 더미 등에서 부글부글 생겨나는 기포는 거의 메탄가스다. 메탄가스는 화산에서 분출되는 가스에도 다량 포함돼 있다. 35억 년 전 지구 대기에는 지금보다

1,000배나 많은 메탄이 섞여 있었다.

　도시가스(천연가스)는 유전에서 나오는 가스를 파이프라인이나 가스 운반선에 실어와 연료로 사용하는 것이다. 유전에서 천연가스를 얻을 수 없다면 인류는 연료 부족에 시달려야 할 것이다. 유전에서 발생하는 천연가스의 성분은 약 97%가 메탄이다. 메탄가스를 태우면 산소와 결합해 이산화탄소와 물이 된다.

　메탄 + 산소 → 이산화탄소 + 물

　메탄이 가득한 갱도에서 폭발 사고가 나면 갱도에 있던 산소는 메탄을 태우느라 모두 없어지고 이산화탄소와 질소만 남게 된다. 갱도에 있던 사람은 산소 부족으로 사망하고 만다.

화산 연기 화산에서 분출되는 연기 속에는 화산재와 함께 메탄가스가 상당량 포함되어 있다.

메탄은 무색, 무취, 무독하다. 하지만 공기 중에 5~15% 포함되어 있다면 불을 당기는 순간 폭발할 위험이 있다. 화학자들은 메탄가스를 원료로 수많은 종류의 화합물을 만들고 있다. 한편 메탄가스는 이산화탄소보다 태양열을 더 잘 보존하는 성질이 있다. 메탄이 불타면 이산화탄소로 변하기 때문에 메탄은 지구의 기온을 높이는 중요한 온실가스 중 하나로 여겨진다.

양초의 불꽃 일부는 왜 푸른색일까?

양초가 타는 불꽃의 색을 보면 심지 쪽은 푸른색이고 중심과 가장자리 대부분은 주황색이다. 심지 주변에서 푸른빛이 나오는 이유는 따로 있다.

양초의 성분은 파라핀이라는 화학물질이다. 파라핀이 녹아 심지에서 기체가 되면 파라핀 성분 중 수소가 먼저 공기 중의 산소와 결합하여 매우 뜨거운 온도로 타면서 푸른빛을 낸다. 불꽃의 윗부분에서는 파라핀 성분 중 탄소가 연소해 수소보다 낮은 온도의 색인 주황빛을 낸다. 아궁이 가장자리나 굴뚝

캔들 양초의 불빛을 보면 심지 주변에서는 수소가 타면서 뜨거운 색인 푸른빛이 나고, 윗부분은 탄소가 타면서 주황빛을 낸다. 사방에서 산소가 잘 공급되기 때문에 양초는 장작불보다 더 뜨겁게 연소한다.

에 끼는 검댕은 완전히 타지 못한 탄소가 모인 것이다. 양초의 푸른 불꽃 온도는 1,400℃에 이른다.

장작불에서는 왜 여러 색깔의 불꽃이 나타날까?

전기난로의 니크롬선(코일)을 관찰하면, 처음 스위치를 켰을 때는 어두운 붉은색이었다가 온도가 올라가면서 밝은 붉은색이 되고, 나중에는 오렌지색이 된다. 이때 불빛은 코일이 타서 생긴 불꽃이 아니라 뜨겁게 달구어진 코일에서 나오는 빛이다.

온도를 더 높이면 노란색이 되고 더 높아지면 흰색이 되며 아주 고온에 이르면 푸른색을 보인다. 이는 온도가 달라짐에 따라 불빛의 색이 변한 것이다. 즉, 고온일수록 파장이 짧은 빛이 나온다. 이와 마찬가지로 별의

장작불 불타는 장작의 불꽃색은 장작 위치에 따라 다르다. 연소할 때 뜨거워지는 여러 무기물에서 파장이 다른 빛이 나오기 때문이다.

색에 따라 별의 온도를 짐작할 수 있다.

장작불을 유심히 보면 여러 가지 색의 불꽃이 위치를 바꿔가며 나타나는 것을 관찰할 수 있다. 장작에서 여러 색의 불꽃이 보이는 것은 장작에 포함된 여러 종류의 무기물이 뜨거워지면서 나오는 빛 때문이다.

장작불은 촛불보다 온도가 낮아 대부분 주황색이다. 장작의 주성분인 탄소 입자가 타는 부분은 주황색으로 빛나지만, 나트륨 성분의 온도가 높아지면 선명한 노란색으로 나타나게 된다. 칼슘 성분은 진한 붉은색, 그리고 인 성분은 초록빛을 낸다. 이 모든 색이 다 합쳐지면(멀리서 보면) 흰색의 빛으로 보인다.

113
드라이아이스는 어떻게 만들어질까?

드라이아이스는 얼음처럼 찬 흰색의 고체로, 성분은 이산화탄소(탄산가스)다. 이산화탄소는 일반적인 온도(상온)와 기압(상압)에서는 기체 상태이지만, 높은 압력으로 압축하거나 온도를 내리면 액체 상태로 변한다.

1835년, 프랑스의 화학자 샤를 틸로리에(Charles Thilorier, 1790~1844)는 이산화탄소를 고압 탱크에서 압축하면 액체 상태가 되고, 이것이 담긴 탱크의 뚜껑을 열면 빠르게 기화가 일어나면서 얼음이 된다는 사실을 처음 발견했다. 그로부터 약 90년이 지난 1925년 뉴욕에 살던 토머스 슬레이트(Thomas B. Slate)는 고체 이산화탄소를 만들어 '드라이아이스'라는 이름을 붙여 판매하기 시작했다.

드라이아이스 무대에서 연기를 대량 피울 수 있도록 제조한 장치다. 드라이아이스가 기체로 변할 때 주변의 물이 수증기가 되어 나오는 것이다. 고체인 드라이아이스가 녹으면 액체로 변하지만 순간적으로 기체 상태가 된다. 고체가 바로 기체가 되는 이 변화를 승화昇華라 한다. 고체 드라이아이스가 기체가 되면 주변에서 열을 흡수하는 데 시간이 걸리기 때문에 폭발하지 않고 천천히 기화한다.

액체 상태의 이산화탄소를 상온 상압에 두면 순식간에 증발하면서 온도가 −78.5℃까지 내려가 고체로 변한다. 액체화된 이산화탄소를 기계적으로 눌러도 고체의 드라이아이스 덩어리가 된다. 30kg짜리 육면체 드라이아이스는 어선 냉동 창고에 넣어 생선을 장시간 저온 보관하는 데 사용한다.

공연장 무대에 연기를 피어오르게 할 때도 드라이아이스를 사용한다. 작은 크기로 조각낸 드라이아이스를 그릇에 담고 따뜻한 물을 부으면 연기가 피어오른다. 이 연기는 물이 증발한 수증기와 이산화탄소가 섞인 것이다. 이산화탄소는 무색이지만 공기보다 무거운 기체이므로 송풍기로 불면 수증기와 함께 무대 바닥에 깔려 퍼져나간다.

드라이아이스는 매우 차가워 손이나 피부에 닿으면 동상에 걸릴 수 있다. 또한 페트병에 넣으면 팽창해 폭발할 위험이 있다. 고체 상태의 드라이아이스가 기체로 변하면 부피가 약 500배 불어나기 때문이다.

암모니아에서는 왜 불쾌한 냄새가 날까?

분뇨나 썩은 물건에서 풍기는 암모니아 냄새를 맡으면 즉시 고개를 돌리게 된다. 암모니아 냄새가 나면 주변에 위생상 문제가 있거나 무언가 부패하고 있는 것은 아닌지 확인해야 한다.

암모니아는 사실 모든 생물체에게 매우 중요한 화학물질이다. 공기 중 질소(N)와 수소(H)가 결합한 기체(NH_3)이므로 '암모니아 가스'라 부르기도 한다. 암모니아 가스는 물에 아주 잘 녹는 성질이 있으며, 암모니아가 녹아 있는 물을 암모니아수(화학명 '수산화암모늄')라 한다. 약국에서 판매 중인 농도 옅은 암모니아수는 약한 알칼리성이므로 독충에 쏘였을 때 독소(산성)를 중화시키기 위해 바른다.

암모니아 가스를 압축하면 액체 암모니아가 되는데, 이를 기화(氣化)시키면 온도가 -33℃까지 내려간다. 이 성질을 이용해 냉장고와 냉동 장치의 온도를 내리는 냉매(冷媒)로 사용되기도 한다.

오늘날 세계 여러 나라의 공장에서는 매년 약 1억t 이상의 암모니아를 생산하는데, 그중 83%는 질소비료의 원료로 이용된다. 그 외에는 합성섬유, 질산, 화약 등 여러 가지 화학물질을 만드는 데 쓰인다. 현 시대에 암모니아를 제일 많이 생산하는 나라는 중국(약 28.5%)이며, 다음으로 인도(8.6%), 러시아(8.4%), 미국(8.2%) 순이다.

동물이든 식물이든 몸을 구성하는 단백질에는 질소 성분이 포함되어 있다. 동물은 몸에 필요한 질소 성분을 전량 식물에서 얻는다. 식물은 공기 속에 순수한 질소가 있어도 질소를 비료로 흡수하지 못하지만 질소의

식물 생장 식물의 뿌리는 땅속 수분에 녹아 있는 암모니아를 흡수해 생장에 필요한 단백질을 만든다. 땅속의 암모니아는 죽은 동식물이 부패할 때 발생한다. 농부들은 작물에 암모니아 성분을 충분히 공급하기 위해 질소비료를 사용한다.

화합물인 암모니아는 잘 흡수할 수 있다.

암모니아를 인공적으로 합성하는 기술은 1909년에 독일의 프리츠 하버(Fritz Jakob Haber, 1868~1934)가 개발했다. 그의 이름에서 따와 '하버법'이라고도 부르는 암모니아 합성법은 화학의 역사에서 매우 중요한 발명이다. 덕분에 싼값으로 질소비료를 비롯한 질소화합물을 대량 생산할 수 있게 되었다.

하버법으로 암모니아를 만들 때는 높은 압력과 온도와 촉매가 필요하다. 놀랍게도 일부 미생물(콩과식물의 뿌리에 사는 뿌리혹박테리아 등)은 공기 중의 질소를 암모니아로 만들 수 있다. 과학자들은 이들 미생물이 어떤 방법으로 암모니아를 합성하는지 그 원리를 알아내기 위해 연구하고 있다.

프로판가스와 천연가스는 어떻게 다를까?

유전에서는 원유뿐만 아니라 연소성 가스가 대량 배출되는데, 이런 가스를 천연가스라 한다. 유전에서 새어 나오는 천연가스는 압축하면 액체 상태로 변한다. 이를 액화 천연가스라고 하는데, 냉동 설비된 운반선에 실려 전 세계로 보내진다. 대도시 가정에서 파이프라인으로 공급받는 도시가스가 바로 이 천연가스다. 천연가스는 화력발전소에서도 연료로 대량 사용한다.

천연가스를 화학적으로 분석하면 메탄가스, 에탄가스, 프로판가스, 부탄가스 등 여러 가지 기체가 포함돼 있음을 알 수 있다. 이 기체들은 모두 연소할 수 있다. 특히 프로판가스는 가정에서 연료로 사용하지만 자동차 연료로도 쓰이고 있다.

석유화학 공장에서는 원유 속에 포함된 화합물을 성분별로 분리해 여러 연료와 화학제품의 원료를 만든다. 원유를 화학적으로 분류하는 과정을 '정유(精油)'라고 하며, 이 작업을 하는 대규모 시설을 정유 공장이라 한다.

정유공장에서 분리한 물질에는 비행기와 자동차 연료로 쓰이는 액체 상태의 항공유, 휘발유, 경유, 등유 등과 메탄, 에탄, 프로판, 부탄 등의 가스, 그리고

가스탱크 도시가스가 공급되지 않는 곳에서는 고압 탱크에 저장된 액화 프로판가스를 연료로 쓴다.

플라스틱, 합성섬유, 합성고무, 세제, 비료, 살충제, 의약품, 염료, 폭발물, 아스팔트 제조에 쓰이는 것 등이 있다. 따라서 원유를 이용할 수 없다면 오늘날과 같은 편리한 화학공업의 시대를 맞이하지 못했을 것이다.

116

오존층을 파괴하는 프레온 가스는 어떤 기체일까?

과거에 냉장고나 에어컨은 프레온이라는 기체를 사용해 온도를 내렸다. 프레온은 압력을 가하면 쉽게 액체로 변하는데, 액체화된 프레온에 압력을 가하지 않으면 기체로 변해 주변의 온도를 내린다. 이러한 성질을 가진 물질을 '냉매(冷媒)'라고 한다. 냉매인 프레온은 미국 화학기업 듀폰이 1931년에 개발한 이후로 오랫동안 널리 쓰였다.

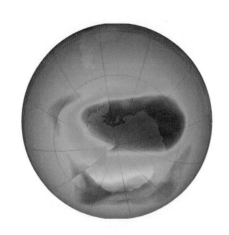

염소(Cl)와 불소(F) 및 탄소(C)로 구성된 프레온은 무색, 무취, 무해하다. 동시에 다른 물질을 잘 녹이는 성질도 있다. 그래서 냉매 외에도 파리약, 페인트 등의 스프레이 분사제로도 대량 사용했다.

그러다 1970년대에 프레온 가스가 공기 중에

오존층 우주에서 바라보면 남극 부분에 오존층이 사라지면서 생긴 구멍이 보인다.

섞이면 오존층을 파괴한다는 사실이 밝혀졌다. 오존층은 지상 약 25km 높이의 대기층에 있는, 오존(O_3)이 특히 많이 포함된 층이다. 오존은 일반 산소(O_2)가 태양에서 오는 강한 자외선의 영향을 받아 만들어진다.

이 오존층은 태양에서 오는 강력한 자외선을 차단하는 역할을 한다. 오존층이 없다면 지구 표면까지 강력한 자외선이 비쳐 생물이 살기 어려울 것이다. 강한 자외선은 세균만 죽이는 것이 아니라 피부암을 발생시키고 세포의 성분을 파괴해 유전적인 결함(돌연변이)을 일으킬 수 있다.

이 사실을 알게 된 과학자들은 프레온 대신 오존층을 파괴하지 않는 친환경 냉매를 새로 개발했다. 오늘날에는 프레온 사용을 금하는 국제 기준이 마련돼 프레온 생산량이 크게 줄었다.

117

주요 기체들은 어떤 성질을 갖고 있을까?

수소(Hydrogen, 원소기호 H, 원자번호 1)

무색, 무취, 무미한 가장 가벼운 물질로, 불에 타면 산소와 결합해 물이 된다. 별은 대부분 수소로 이루어져 있다. 또한 우주 전체의 75%를 차지하지만 지구의 대기에는 미량 분포하며, 물을 전기분해해 만든다. 가벼운 성질 때문에 과거에는 열기구에 쓰이기도 했으나 폭발 사고 이후 더는 쓰이지 않는다. 수소는 화학반응이 활발히 일어나는 원소로, 모든 유기물의 주성분이기도 하다. 수소는 2개의 원자가 결합해 하나의 분자(H_2)를 이룬다.

헬륨(Helium, 원소기호 He, 원자번호 2)

수소 다음으로 가벼운 기체이며 무색, 무미, 무취, 무독하고, 불에 타지 않아 수소 대신 열기구에 쓰인다. 우주에서는 수소가 핵융합을 통해 헬륨이 되므로 수소 다음으로 많은 원소이지만 지구의 대기에는 극히 미량만 존재한다. 하지만 천연가스에는 약 7% 포함되어 있다. 액체 상태로 만든 헬륨은 최저 -273℃(절대온도 0°라고 말함)까지 내려가 초전도 현상을 보인다. 헬륨은 극저온 조건에서 작동하는 MRI 진단장비와 반도체 제조에도 사용된다.

질소(Nitrogen, 원소기호 N, 원자번호 7)

지구를 뒤덮고 있는 대기의 78.1%를 차지하며, 우주 전체에서는 일곱 번째로 많이 존재한다. 무색, 무미, 무취의 질소는 화학적으로 안정하여 공기 중에서는 다른 물질과 쉽게 결합하지 않는다. 하지만 질소는 모든 생물체를 구성하는 단백질과 핵산의 성분이다. 식물은 뿌리에서 암모니아 상태의 질소를 흡수해 단백질과 질소가 포함된 유기화합물을 만든다. 질소가 주성분인 질산은 화학공업에서 매우 중요한 화합물이다.

질소를 높은 압력으로 압축하면 액체 상태의 질소가 되는데, 이때 액체질소의 온도는 -195.8℃까지 내려간다. 저온에서 일어나는 신비한 현상을 연구하는 과학자들에게 액체질소는 매우 중요한 물질이다. 훗날 수십 년에 걸친 장기 우주여행을 떠나게 될 인간이 동면해야 할 경우 액체질소의 온도에서 지내야 할지도 모른다.

산소(Oxygen, 원소기호 O, 원자번호 8)

호흡에 없어서는 안 될 산소는 대기 중에 약 21% 포함되어 있으며, 지각(地殼)의 모래, 바위 등에 가장 많이(약 49.2%) 포함된 물질이다. 산소는 수소와 함께 강과 바다의 물을 이루며, 생물체의 몸을 이루는 단백질, 탄수화물, 지방에 포함돼 있다. 산소는 이산화탄소와 일산화탄소의 성분이기도 하다. 산소는 식물이 광합성을 할 때 생기며, 화학작용이 강해 쇠를 녹슬게 하고, 물체를 연소시킬 때 반드시 필요하다.

산소를 고압으로 누르면 액체산소가 되는데, 이때 온도는 -183℃에 이른다. 온도를 더 내리면 -218.8도의 고체산소가 되기도 한다. 우주선을 운반하는 로켓은 연료를 태우기 위해 액체산소를 가지고 간다. 고공에는 일반 산소(O_2)와 원자 상태의 산소(O)가 결합한 오존(ozone O_3)이 있는데, 오존은 태양에서 오는 강한 자외선을 차단한다.

네온사인 유리관 속에 넣는 물질의 종류에 따라 네온사인의 색이 달라진다. 네온 가스를 이용한 붉은 오렌지색 등이 가장 먼저 발명되었지만, 기타 색 등도 네온사인이라고 부른다.

네온
(Neon, 원소기호 Ne, 원자번호 10)

네온은 우주 전체에서 수소, 헬륨, 산소, 탄소에 이어 다섯 번째로 많은 원소지만, 대기 중에는 매우 소량 존재한다. 화학작용이 매우 약해 특별한 화합물로 존재하지도 않고 이용되지도 않는다.

하지만 밤거리를 밝히는 광고판에서 붉은 오렌지색으로 빛난다. 네온사인은 유리관 속에 넣은 네온 가스가 전기 에너지에 의해 내는 빛이다. 액화시킨 네온 가스는 냉장고 등에서 저온을 유지시키는 냉매(冷媒)로 사용되기도 한다.

118
얼음은 고체인데 왜 액체인 물보다 가벼울까?

빙산 물보다 가벼워진 빙산은 해류를 따라 이동한다. 얼음이 물보다 무겁다면 양극의 바다는 얼음덩이가 될 것이며 지구 전체도 얼음의 세상이 될 것이다.

일반적으로 기체일 때 가장 가볍고, 고체일 때 가장 무거우며, 액체는 그 중간에 해당하겠지만, 물은 고체 상태인 얼음일 때 액체 상태일 때보다 가벼워져 물에 뜬다. 물이 이런 성질을 가지지 않았다면 호수나 강의 표면에 언 얼음은 그 무게 때문에 전부 수면 아래로 내려가 밑바닥이 거대한 얼음덩이로 변했을 것이다.

물은 3.98℃(약 4℃)일 때 가장 무겁다. 4℃보다 온도가 높아지면 물의 무게는 조금씩 가벼워진다. 이보다 온도가 내려가도 가벼워진다.

얼음이 물보다 더 가벼운 이유는 물 분자가 얼어 결정체 구조가 되면 결정 사이에 틈이 생기는데, 이 틈새에 공기가 들어가기 때문이다. 물처럼 액체 상태일 때 더 무거운 물질로 '비스무트'라는 희귀 금속이 있다. 그 외는 고체일 때 더 무겁다.

119

바다는 어떻게 생겨났을까?

지구의 표면은 바다가 70% 이상 차지하고 있으므로 지구(地球)라기보다 수구(水球)가 더 적절하다는 의견도 있다. 지구의 낮은 곳을 모두 채우고 있는 물은 지구가 막 탄생하던 46억 년 전부터 생성되기 시작했다.

지구상에 물이 생성된 과정은 주로 세 가지로 설명되고 있다. 첫째는

화산 수증기 활화산 분화구에서 화산재와 함께 나온 수증기가 식어 구름을 형성하고 있다.

지구가 탄생하면서 굳어질 때 우주 먼지 속에 상당량의 물이 있었다는 설이다. 두 번째는 지구 표면에 떨어진 수많은 혜성에서 현재 있는 물의 절반 이상이 왔다는 설이다. 실제로 혜성의 머리에는 얼음 상태의 물이 많다.

세 번째는 수많은 화산이 활동하던 과거에 많은 양의 수증기가 분화구에서 나왔다는 설이다. 지금도 화산 분화구 위에는 수증기를 가득 담은 구름이 피어오른다. 지구상에 물이 많지 않았더라면 생물체가 지금처럼 풍부할 수 없었을 것이다.

120 바닷물에는 어떤 물질이 가장 많을까?

지구 표면에 물이 가득 차면서 온갖 생명체가 탄생할 수 있는 첫 번째 환경이 마련됐다. 물이 없다면 어떤 생명체도 존재할 수 없다. 바다에 모인 물의 양은 지구 전체 물의 97.2%이다.

바닷물에는 지상과 지하의 여러 물질들이 다량 녹아 있다. 그중 대표적으로 많은 것이 바닷물의 약 3.5%(1L 속에 35g)를 차지하는 소금이다. 소금의 화학명은 염화나트륨($NaCl$)이다. 이는 염소(Cl)와 나트륨(Na)이 화합한 물질임을 나타낸다.

바닷물에는 소금 외에 칼륨, 마그네슘, 칼슘, 망간, 요드, 브롬, 황산, 붕소, 우라늄 등 세상의 거의 모든 원소가 녹아 있다. 바닷물을 햇빛에 건조하면 염분(소금 성분)만 남는데, 이를 천일염(天日鹽)이라 한다. 천일염에는 온갖 염류(미네랄)가 포함되어 있어 순수한 소금보다 건강에 더 유익하다.

알루미늄에는 왜 녹이 생기지 않을까?

창틀, 냄비, 주전자 등의 원료가 되는 알루미늄(Aluminium Al, 원자번호 13)은 지구상에 산소와 규소 다음으로 많이 존재하는 은회색 원소로, 지구 무게의 8%를 차지한다. 인체에 해가 없고 부식에 강한 알루미늄은 철 다음으로 많이 쓰이는 금속이다. 이 원소는 가볍고 단단하면서도 다른 물질과 화학반응을 잘 일으켜 아연, 구리, 마그네슘, 망간, 규소 등과 합금하여 우주선, 비행기, 차, 건축자재 등으로 사용되고 있다.

낡은 못을 보면 적갈색의 녹이 슬어 있고, 녹물이 흘러내리기도 한다. 이는 쇠가 공기 중의 산소와 결합해 산화철이 된 것이다. 산화철이 되면 단단한 성질을 잃어버리고 쉽게 부서진다. 쇠가 녹슬려면 반드시 수분이 있어야 한다. 반대로 녹을 방지하려면 산소 및 습기와 접촉하지 못하도록 쇠에 다른 금속을 덧입히거나(도금), 페인트 또는 기름을 칠해 보호막을 씌워야 한다.

녹이 슬지 않는 은백색의 스테인리스강은 철에 크롬이라는 금속을 10~30% 혼합해 만든 것이다. 크롬 외에 니켈과 아연 등을 섞기도 하는데, 이렇게 만든 철 합금은 단단하면서 녹이 슬지 않아 편리하다. 녹

새시(sash) 가볍고 단단한 알루미늄은 창틀의 핵심 자재다.

슬지 않는 스테인리스강이라 하더라도 강한 산이나 알칼리성 물질과 접촉하면 표면이 변질되고 녹이 생길 수 있다.

창문틀이나 냄비, 주전자 등의 원료인 알루미늄도 산소를 만나면 산화알루미늄('알루미나'라 부름)이 된다. 하지만 알루미늄의 표면을 덮은 알루미나는 투명해 눈에 보이지 않는다. 알루미늄의 녹은 치밀한 막이 되어 내부의 알루미늄이 산화되지 않도록 막는 작용을 한다.

보크사이트(bauxite)는 알루미늄이 다량 포함된 대표적인 광물이다. 알루미늄은 전기가 잘 통하고 열도 잘 전달하며 빛을 잘 반사한다. 은박지는 알루미늄으로 만든다.

보석으로 취급하는 루비나 사파이어는 주성분이 산화알루미늄이다. 여기에 크롬이 섞이면 붉은빛 루비가, 티타늄이 섞이면 푸른색 사파이어가 된다. 과학자들은 산화알루미늄을 2,000℃ 이상 고온 처리해 인조 루비나 사파이어를 만들기도 한다.

122
은은 열에 접촉하면 왜 변색될까?

은(銀, silver)의 화학기호는 Ag로, 라틴어 argentum(반짝이는 흰색)에서 따온 것이다. 원자번호가 47번인 은은 다른 물질과 화학반응을 잘 일으키며, 전기가 가장 잘 통하면서 열도 잘 전도하는 금속이다.

은은 부드러운 금속이라 가공하기가 쉬워 은화, 은그릇, 은수저, 장신구, 종교의식에 쓰는 촛대 등을 만드는 데 주로 쓰였다. 순수한 은은 너무

은잔 은그릇은 고급스럽다. 성당에서 볼 수 있는 은으로 만든 성물은 신성한 분위기를 연출한다.

물러 약간의 구리(약 7.5%)를 섞어야 단단한 은제품을 만들 수 있다. 또한 빛을 가장 잘 반사해 거울을 만드는 데 많이 사용되고, 사진 필름에 바르기도 하며, 고급 전기장치나 전선으로도 쓰인다.

은은 화학적인 변화를 잘 일으켜 화학공업에서 대량 쓰이고 있다. 흥미롭게도 은은 세균을 죽이기도 한다. 은이 왜 항생력을 갖는지 이유는 정확히 밝혀지지 않았으나 은을 넣은 실버설파다이아진(Silver sulfadiazine)이라는 약품은 심한 화상에 바르면 감염을 방지하기도 한다. 최근에는 세탁기나 의복 등에 은을 처리해 '세균을 막아주는 바이오 제품'이라 선전하기도 한다.

치과에서는 충치를 치료할 때 주로 은과 수은을 합금한 아말감(수은에 다른 금속을 녹인 것)으로 구멍을 메운다. 아말감은 처치 후 몇 시간 지나면 단단하게 굳는다. 근래에는 아말감에서 수은이 녹아 나온다는 이유로 기피하기도 한다.

가정에서 쓰는 은수저나 은 접시 등에는 검은 녹이 생기기도 한다. 이는 집 안에서 생긴 황화수소(H_2S)와 은이 결합해 황화은으로 변했기 때문이다. 은을 변색시키는 황화수소는 연탄가스나 석유, 천연가스가 탈 때 황이 연소하면서 생겨난다.

123

두랄루민(Duralumin)은 어떤 합금일까?

금속은 순수한 원소일 때보다 합금을 했을 때 더 단단하고 부식에 강해지는 경우가 많다. 구리는 쉽게 휘어지는 금속이다. 하지만 구리가 주원료인 우리나라 동전은 매우 단단한 구리 합금이다. 10원짜리 적동색 동전은 구리에 아연과 주석을 섞은 합금이다. 또 100원이나 500원짜리 은백색 동전도 구리(75%)와 니켈(25%) 합금이다. 이처럼 합금으로 만든 금속은 훨씬 단단하다.

자전거 두랄루민은 비행기 동체 외에 노트북 케이스나 지팡이, 고급 자전거 제조에도 이용된다.

1903년 독일의 알루미늄 회사인 Dürener Metallwerke AG에서 일하던 알프레드 빌름(Alfred Wilm, 1869~1937)은 아연에 구리와 마그네슘을 소량 혼합해 쇠처럼 단단하면서도 철 무게의 3분의 1에 불과한 합금을 발명했다. 이후 이 합금에 회사 이름과 알루미늄을 합하여 두랄루민이라는 상품명을 붙였다.

두랄루민은 비행기 동체를 만드는 데 적합해 비행기의 발달을 촉진했다. 이후 두랄루민보다 더 강하면서 가벼운 알루미늄 합금이 계속 등장했다. 두랄루민을 능가하는 합금은 '초두랄루민'이라 부르는데, 망간이나 규소와 같은 원소를 혼합한다.

124
백금은 왜 귀금속일까?

귀금속으로 취급되는 백금(Pt, 원자번호 78)은 매장량이 금의 30분의 1 정도에 불과한 매우 귀한 물질이다. 백금은 무거우면서 단단하고 열에 강하며(녹는 온도 1,768℃), 잘 변하지 않는 성질을 가진 회백색 금속이다. 백금은 염산이나 질산에는 녹지 않지만 염산과 질산을 3:1로 혼합한 용액('왕수'라고 부름)에는 녹는다.

백금은 반지나 목걸이 등의 장신구 제조나 치과 치료에 많이 사용한다. 백금은 화학반응을 잘 일으키는 촉매작용이 강해 암모니아 제조와 같은 화학공업에서 매우 유용하게 이용되고 있다. 자동차 엔진에서도 백금이 촉매로 쓰여 연료를 남김없이 연소시켜 배기가스를 줄인다.

백금은 전기가 잘 통하는 금속이라 전자제품의 전극으로 이용된다. 특히 최근 여러 나라가 경쟁적으로 개발하는 연료전지에서 백금은 촉매로 중요하게 쓰인다.

125

금속은 고체인데 수은은 왜 액체일까?

수은 수은은 금속이지만 상온에서 액체 상태로 존재한다. 수은을 쏟으면 크고 작은 방울이 되며, 방울들은 응집하여 마치 은구슬처럼 보인다.

수은(mercury)의 원소기호는 Hg로, '은을 닮은 액체'라는 뜻의 라틴어(hydrargyrum)에서 온 것이다. 수은은 원자번호가 80인 매우 무거운(물보다 13.5배 이상) 은색의 원소이며, 지구상에 많지 않은 금속이면서 매우 중요한 물질로 이용되고 있다.

고대에도 그랬지만 약 70년 전까지만 해도 수은은 건강에 유익한 물질이라고 생각했다. 그러나 1950년대에 일본 미나마타 지방에서 수많은 사람이 신경과 근육에 장애가 발생하고 성장에 심각한 지장이 있어, 그 원인을 조사한 결과 근처 공장에서 촉매제로 사용한 수은 화합물이 체내로 들어간 것 때문임을 알게 되었다. 이때 약 3,000명의 사람이 피해를 입었으며, 그 이후 수은은 매우 위험한 중금속으로 조심스럽게 다루는 물질이 되었다.

이처럼 유독한 수은이지만, 자연계에서 산출되는 수은의 화합물인 황화수은(HgS)은 인체에 해가 없다. 오늘날 수은은 온도계, 기압계, 수은전지, 형광등, 의약, 살충제, 금과 은을 채굴할 때 등에 쓰이고 있다. 수은의 독성이 알려진 이후로는 광산에서나 살충제 등으로 사용하지 않는다. 쓰레기 처리장에서 못 쓰는 형광등을 함부로 버리지 않도록 하는 것은 그 안에 소량의 수은이 들어 있기 때문이다. 그러므로 형광등은 깨지 말고 지정된 장소에 버리도록 한다.

과거에 유리관 속에 수은을 넣어 만들던 온도계는 붉은 색소를 입힌 알코올을 대신 사용하고 있다. 그러나 정밀한 온도계가 필요한 곳에서는 수은 온도계를 지금도 사용한다. 금속이면서 액체인 것은 수은 외에 세슘, 프랑슘, 갈륨, 루비듐이 있고, 비금속이면서 액체인 것에는 브롬이 있다.

수은은 녹는 온도가 −38.83℃이다. 그러므로 상온에서는 액체 상태로 존재하고, −38.83℃ 이하로 온도가 내려가야 고체가 되는 성질을 가졌다. 수은이 이런 성질을 가진 이유는 1개의 원자가 80개나 되는 많은 양성자를 가졌고, 그 원자를 구성하는 전자들이 주변 원자와 단단하게 전자 결합을 하지 않기 때문이다.

액체 상태이던 수은은 357℃를 넘으면 기체로 변한다. 따라서 수은 온도계는 357℃ 이상의 고온은 재지 못하므로 그때는 갈륨(Ga)이라는 원소를 넣은 온도계를 써서 약 2,400℃까지 잰다.

전구 속 필라멘트는 왜 텅스텐(중석)으로 만들까?

텅스텐이라는 금속은 영어로 tungsten(무거운 돌이라는 의미)이라 쓰면서 화학 기호로는 W로 표시하는데, 이것은 Wolfram(볼프람)이라는 독일어이다. 원자번호가 74번인 텅스텐은 매우 강하고 무거운(물의 19배 이상) 금속이기에 우리말로는 중석(重石)이라고 부른다. 이 금속은 어떤 원소보다 열에 강하여 3,422℃ 이상 되어야 녹는다.

에디슨이 처음 백열전구를 만들었을 때는 필라멘트를 탄소로 만들었다. 하지만 탄소 필라멘트는 달아오르면 쉽게 녹아버렸다. 그러나 필라멘트 재료로 텅스텐을 사용하게 되면서 백열전구의 수명은 길어졌다. 백열전구 속은 진공상태로 만들어야 한다. 전구 속에 산소가 포함되어 있으면 텅스텐도 불타 고열이 되어 녹아버리기 때문이다.

텅스텐을 철에 소량 혼합하면 대단히 강한 쇠가 되므로, 텅스텐 합금

터빈 바람이 불면 바람개비의 날개가 회전한다. 직선으로 운동한 바람이 바람개비에 의해 회전하는 운동으로 바뀐 것이다. 이처럼 가스 발전소에서는 뜨거운 증기가 강력하게 쏟아져나오고, 터빈은 그 힘을 회전운동으로 바꾸어 전기가 발생하도록 한다. 터빈처럼 빠르게 장시간 회전해야 하는 기계는 텅스텐이 포함된 합금으로 만든다.

은 쇠를 깎는 기계를 제조할 때, 높은 열에 견뎌야 할 우주선이나 경기용 자동차의 부속, 맹렬히 회전하는 터빈의 재료 등으로 사용한다.

모든 물질은 온도가 높아지면 부피가 늘어난다. 이런 물리적 현상을 '열팽창'이라 하는데, 텅스텐은 마치 내열 유리처럼 열팽창률이 아주 적은 물질이기도 하다. 텅스텐은 지구상에 매장량이 많지 않아 아껴 써야 할 자원의 하나이다.

127

무거운 납은 인체에 해를 끼칠까?

납(Pb, 원자번호 82)은 구리와 마찬가지로 수천 년 전부터 사용한 금속이다. 납은 영어로 lead이지만, 원소기호는 Pb다. 이는 납을 의미하는 라틴어 plumbum(부드러운 금속이라는 뜻)에서 따온 것이다. 여러 금속 중에서도 납은 상당히 낮은 온도에

낚시밥 낚싯줄 끝에 연결하는 봉돌은 주로 납으로 만든다.

서 녹고 가공하기 쉬워 납땜용으로 많이 이용된다.

낚시의 추(봉돌)나 그물을 드리우는 추는 지금도 일부 납으로 만들고 있다. 납은 무거우면서 바닷물이나 황산과 닿아도 부식되지 않는 성질이 있어 편리한 금속이다. 또 총알은 모두 납을 넣어 만드는데, 무거워야 멀

리 날아갈 수 있기 때문이다.

납은 자연에서 은이나 구리, 아연 등과 함께 산출되며, 방연광이라 불리는 광물에는 납이 86.7% 함유돼 있다. 과거에는 납을 넣은 흰색 페인트를 사용했는데, 페인트의 납 성분이 인체에 축적되면 효소 작용을 방해해 중추신경계와 신장, 혈관 등에 이상을 일으킨다는 사실이 밝혀져 지금은 납 대신 독성이 적은 티타늄을 이용한 흰색 페인트를 생산한다. 낚시용으로 만든 추를 입으로 깨무는 등의 행동은 삼가야 한다.

128
유리는 무엇으로 만들까?

유리의 원료는 모래다. 모래의 주성분인 규소(硅素 Si, 원자번호 14)는 우주에는 여덟 번째로 많은 비금속 원소이며, 지구에는 산소 다음으로 풍부한 물질이다. '돌과 흙의 성분'이라는 의미의 규소는 모래, 화강암, 점토, 규산염(칼슘, 나트륨, 알루미늄, 마그네슘, 철 등과 화합한 상태) 등에 함유돼 있으며, 지각의 25.7%를 차지한다. 바다나 강의 모래, 또는 바위에는 산화규소(SiO_2)가 95% 이상 포함돼 있다.

모래는 좀처럼 녹지 않는 단단한 물질로, 1,700℃ 이상에서 액체가 된다. 유리는 이 모래(산화규소)에서 규소 성분만 추출한 것이다. 암석 중 유리처럼 투명하게 생긴 석영(石英)은 거의 100% 규소다. 규소는 매우 단단한 암회색 고체이며, 순도가 높은 규소는 수정이나 보석으로 존재하기도 한다.

약 5,000년 전부터 사람들은 단단하면서 빛을 잘 투과시키는 유리를

다이아톰 동물의 몸에는 규소가 극미량 존재하지만, 규조珪藻라는 수생 하등식물(대부분이 단세포)의 외부 보호막은 산화규소 성분으로 이루어져 있다.

만들어 사용했으며, 오늘날 유리 제조 공업은 대단히 중요한 산업 중 하나이다. 규소는 유리, 시멘트, 도자기, 실리콘을 만드는 주원료이기도 하다. 특히 규소(실리콘)는 조건에 따라 전기가 통하는 전도체로, 혹은 반대로 부도체로 변하는 물질이기 때문에 반도체라는 이름으로 전자기기의 마이크로칩을 비롯해 태양전지 등의 제조에 쓰인다.

유리를 만들기 위해 온도를 높이려 하면 연료비가 많이 든다. 하지만 모래에 나트륨(소다)과 석회석을 조금 혼합하면 훨씬 낮은 온도(약 900℃)에서도 녹는다. 유리에는 소량의 철분이 함유돼 있는데, 유리를 여러 장 쌓아두면 연한 푸른색이 보이는 이유가 바로 이 철분 때문이다. 유리공장에서 투명한 빛의 유리를 만들 때는 셀레늄이란 물질을 조금 혼합한다. 그러면 약간 붉은 빛이 더해져 푸른색을 상쇄시키기 때문에 투명하게 보인다. 유리공장에서는 푸른색 유리를 제조할 때는 코발트를 혼합하고, 자주색 유리는 망간, 녹색 유리는 크롬과 철을 섞어 만든다.

왜 어떤 유리는 열을 잘 견딜까?

일반 유리병에 뜨거운 물을 부으면 균열이 생기면서 깨진다. 뜨거운 열에 유리가 팽창했기 때문이다. 반면, 실험실에서 사용하는 유리 기구들은 뜨겁게 가열하거나 매우 낮은 기온에 노출되는 등 극심한 온도 차이에도 잘 깨지지 않는다. 이처럼 열에 잘 견디는 유리를 '내열 유리'라 한다. 내열 유리는 온도가 변해도 부피가 팽창하거나 줄어드는 정도(열팽창 계수)가 매우 적다. 탁자에 까는 유리는 대개 내열 유리가 아니라 받침 없이 뜨거운 물을 담은 주전자를 얹으면 깨질 수 있다.

내열 유리는 19세기 말 독일의 유리 세공사인 오토 쇼트(Friedrich Otto Schott)가 유리에 산화붕소(B_2O_3)를 혼합하면서 처음 만들었다. 이후 그가 개발한 내열 유리는 '듀란'을 거쳐 코닝, 파이렉스, 보멕스 등의 상품명으로 판매되었다. 오늘날 내열 유리는 산화붕소 외에 나트륨, 칼륨, 칼슘 성분도 소량 혼합해 제작하며, 실험기구 외에 유리 냄비(요리 기구), 전구와 형광등의 유리, 특수한 유리창 등을 제조하는 데 쓰인다.

내열 유리 내열 유리는 열에 강해 고온으로 가열해도 잘 깨지지 않는다.

130
안전유리(강화유리)는 정말 안전할까?

사고로 창유리나 유리
병이 깨져 바닥에 쏟아지
면 부서진 조각의 가장자
리가 뾰족하고 면도날처럼
날카로워 크게 다칠 위험
이 있기에, 찔리거나 베이
거나 밟지 않도록 조심해
야 한다. 자동차, 기차, 비
행기 등 많은 사람이 이용
하는 교통기관의 창유리가

강화 유리   비강화 유리

강화유리 산산이 깨진 강화유리(왼쪽)와 길게 금이 간 일반 판유리(오른쪽). 강화유리가 미세한 파편으로 산산조각 나는 이유는 강화 처리를 하는 과정에 유리의 양쪽 표면과 내부의 강도強度가 다르기 때문이다.

일반 판유리처럼 깨진다면 승객이 다칠 위험이 많다.

교통기관, 건물의 현관, 발코니, 회전문, 공중전화, 버스 정류장, 체육관, 진열장, 샤워실, 수족관, 안경, 물안경, 방탄차, 스마트폰 등의 유리는 깨지면 무수한 파편이 조각조각 흩어진다. 부서진 조각들은 잔잔하기도 하지만 가장자리가 날카롭지 않아 이런 유리를 '안전유리'라 한다.

안전유리는 일반유리보다 4배 정도 충격에 잘 견디므로 '강화유리'라 고도 한다. 안전유리를 제조할 때는 먼저 판유리를 용도에 맞는 크기로 절 단한 후, 가장자리를 연마해 날카로운 곳을 마모시키고 강화 처리한다. 강 화 과정은 약 700℃로 가열한 유리 표면에 찬 공기를 불어 천천히 냉각시 키면서(담금질) 유리 표면을 압축하는 것이다.

이렇게 고열과 압력으로 강화 처리된 유리는 고온이나 저온에도 잘 깨지지 않고 외부에서 누르거나 당기는 힘(압축력과 인장력)에도 잘 견딘다. 하지만 큰 충격을 받아 파손되면 길게 금이 간 상태로 쪼개지는 것이 아니라 폭발하듯 산산조각 난다. 따라서 파손된 강화유리 조각들은 거의 피해를 주지 않는다.

131

실리콘 밸리(Silicon Valley)에서 '실리콘'은 무슨 뜻일까?

실내 인테리어 과정에서 마감 작업을 할 때 실리콘이라는 물질을 여러 용도로 사용한다. 수족관을 만들 때도 유리와 유리가 만나는 부분은 실리콘으로 밀봉한다. 실리콘은 인조 고무와 비슷해 이것으로 여러 가지 물건을 만들기도 한다.

모래의 주성분인 규소가 영어로 silicon이다. 실리콘은 반도체를 만드는 원료다. 이러한 이유로 반도체 제조 기업이 많이 들어선 미국 샌프란시스코 남부 지역을 실리콘 밸리(규소 골짜기)라고 부르기도 한다.

알루미늄 새시나 창유리 틈새를 메우고 싱크대 주변을 방수하는 데 쓰는 반투명한 고무질의 본래 이름은 '실리콘 러버(silicone rubber, 실리콘 고무)'다. 줄여서 silicone이라고 하는데 이는 실리콘 원소인 silicon에 e가 하나 더 붙은 것이다.

이처럼 비슷한 이름을 가지게 이유가 있다. 모래 성분인 실리콘과 유기물(메탄이나 에탄 등)이 화학적으로 결합하면 규소와 전혀 다른 고무와 비

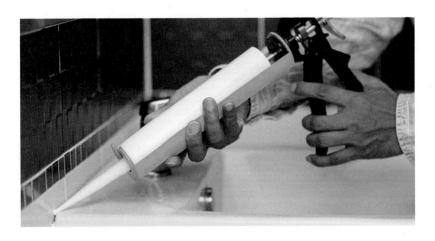

실리콘 작업 실리콘은 물처럼 투명해 보이지만, 물을 흡수하지 않고 고무와 비슷한 탄성이 있다.

숫한 실리콘 러버가 되기 때문이다. 실리콘 러버는 물이 침투하지 않는 방수 성질이 있고, 고무처럼 탄성도 있다. 전기가 통하지 않는 부도체이며 −100℃~250℃에서는 변질되지 않을 만큼 온도에 강하고 인체에 독성이 적다. 오늘날에는 실리콘 고무, 실리콘 그리스, 실리콘 오일 등이 편리하게 이용되고 있다.

132
광섬유는 어떤 유리일까?

유리를 머리카락보다 가느다랗게 뽑은 것을 유리섬유(glass fiber)라 한다. 유리는 단단해 조금만 휘어도 부러지지만 유리섬유는 워낙 가늘어 철사처럼 크게 휘어도 부러지지 않는 탄성이 있다. 이 유리섬유를 여러 가닥

통신선 가닥마다 보호 피막으로 싸인 광통신선(광케이블)의 구조. 투명해 보이는 광섬유 속을 지나는 빛의 신호는 외부로 빠져 나가지 않고 멀리까지 전달된다.

합해 다발을 만들면 더 잘 휘면서 외부의 힘을 잘 견디게 된다. 과거에는 유리섬유로 단단하면서 탄성이 좋은 낚싯대를 만들기도 했다.

100% 산화규소로 된 유리를 머리카락보다 더 가늘게 뽑은 것을 광섬유라 한다. 일반 유리는 투명하게 보이지만 수백 미터 두께는 빛이 투과하지 못한다. 반면에 광섬유 속으로 빛을 통과시키면 빛이 멀리까지 도달할 수 있다. 전화나 전자 정보를 송수신할 때 구리선을 썼던 과거와 달리 오늘날에는 대부분 광섬유(광케이블)을 이용해 빛의 신호로 송수신하고 있다. 즉, 전화나 케이블 텔레비전의 음성과 영상, 인터넷 정보는 광케이블을 통한다.

다시 말해 광케이블이란 광섬유를 수백 수천 가닥 다발로 모아 만든 통신선이다. 광케이블 속에서는 정보가 빛의 신호로 전달된다. 이러한 광통신 방법으로는 한 가닥의 광섬유 회선을 통해 수천 수만 개의 정보를 동시에 보낼 수 있으며, 전력에 비해 에너지 소모도 매우 적다. 오늘날과 같은 통신 혁명 시대가 열린 것은 광섬유의 발달 덕분이다. 광섬유는 내시경 제조에도 이용되고 있다.

미량 영양소인 요오드는 왜 인체에 필수적일까?

중요한 무기 영양소로 취급되는 요오드(I, 원자번호 53)는 진보라색 고체다. 이를 알코올에 녹인 연한 갈색 용액을 요오드팅크라고 하는데, 살균작용이 있어 상처 소독제로 쓰이고 있다. 팅크는 영어 tincture(소량 녹인 액)에서 온 말이다.

생고구마나 감자에 요오드 액을 떨어트리면 진한 보라색으로 변한다. 삶은 고구마나 감자에 떨어뜨리면 변색하지 않는다. 삶아지면서 전분이 포도당과 맥아당 등으로 변했기 때문이다. 요오드가 전분의 색만 변화시키는 이유는 전분의 분자 틈새로 요오드가 들어가 진보라 빛을 반사하는 성질로 변했기 때문이다.

요오드는 바닷물과 해초에 많이 함유돼 있으며 하루 150μg(마이크로그램)(1μg은 1,000만분의 1g)을 음식으로 섭취해야 한다. 요오드는 갑상선에서 분비되는 갑상선호르몬(타이록신)의 성분이므로 결핍되면 갑상선 기능 저하 현상이 나타난다.

타이록신은 인체에서 일어나는 대사 작용을 원활하게 하는 역할을 한다. 결핍 시 성장이 저해되고 피로감과 무기력증에 시

요오드 반응 식빵에 요오드를 떨어뜨리면 젖은 부분이 짙은 보라색으로 변한다.

달리며 우울증, 체중 감소, 저체온이 나타날 수 있다. 특히 성장기에 요오드가 결핍되면 지능 발달을 저해하는 것으로 알려져 있다. 따라서 청소년은 요오드가 많이 함유된 미역이나 해산물을 자주 먹는 것이 좋다. 요오드 팅크를 소독용으로 쓸 때는 눈이나 코에 들어가지 않도록 해야 하며, 사람에 따라 피부 알레르기를 일으킬 수 있다.

134
다이아몬드는 어떤 물질일까?

아름답고 비싼 보석이라고 하면 누구나 다이아몬드를 생각한다. 빛의 굴절률이 가장 높아 영롱한 빛을 발하는 다이아몬드는 생산량이 지극히 적은 광물이다. 나무를 가열해 만든 숯이나 흑연은 탄소라는 원소로 구성돼 있으며 검은색이고 단단하지 않다. 다이아몬드는 탄소로 이루어져 있는데도 투명하며 세상에서 가장 단단한 물질로 알려져 있다. 다이아몬드를 연마해 고급 보석을 만들고 단단한 성질을 이용해 유리를 자르는 칼날을 만들며 아무리 강한 쇠나 돌이라도 갈아내는 연마재로 쓴다.

다이아몬드는 '킴벌라이트'라는 광석에 함유돼 있다. 이 광석은 900℃ 이상의 높은 열과 40,000기압 이상의 압력이 작용하는 지하 깊은 곳에서 만들어진다. 이 광석에 함유된 탄소 성분이 열과 압력의 작용으로 단단한 결정체로 변해 다이아몬드가 되는 것이다. 킴벌라이트는 수억 년 전 화산이 터질 때 지하에서 지상으로 밀려 나온 것이다. 다이아몬드 원석을 발견하면 흔히 있는 투명한 돌이라고 생각할 뿐 귀한 보석임은 알지 못한다.

하지만 원석을 정교하게 연마하
면 보석이 된다.

다이아몬드는 보석보다 공
업용(주로 연마재)으로 더 많이 쓰
인다. 공업용으로 사용하는 다이
아몬드는 인공적으로 합성한 것
이 대부분인데, 합성품은 크기가
1mm도 안 되는 가루만큼 작다.

인공 다이아몬드는 미국 제
너럴 일렉트릭사 과학자들이

다이아몬드 다이아몬드 원석을 정교하게 연
마하면 빛을 잘 굴절하고 반사하는 귀한 보석
이 된다. 다이아몬드는 탄소로 이루어진 물질
이지만 굴절률이 가장 높고 가장 단단하다.

1955년에 처음 발명했으며, 75,000기압의 고압과 1,700℃ 이상의 온도
에서 만든다. 인공적으로 더 크고 질이 좋은 다이아몬드를 만들 수는 있으
나 제조 비용이 많이 들어 경제적이지 못하다. 하지만 작은 인조 다이아몬
드는 여러 용도로 많이 쓰이고 있다.

같은 탄소 성분이라도 왜 성질이 다를까?

나무를 밀폐된 곳에 넣고 뜨겁게 가열하면 숯이 되고, 이 숯을 태우면
회색빛 재가 남는다. 숯은 탄소로만 구성되지 않고 약간의 불순물(여러 가
지 염류)이 함유돼 있어 재로 남는 것이다.

숯을 이루는 탄소 원자들은 규칙적이지 않고 자유롭게 결합한다. 반면

흑연은 숯보다 훨씬 더 순수한 탄소 성분으로 구성돼 있으며 원자도 규칙적으로 배열돼 있다. 따라서 흑연은 화학적으로 안정하고 불에 타지 않으며 전기도 통하기 쉽다. 다이아몬드는 같은 탄소 성분이지만 훨씬 더 순수하고 원자의 결합 방식도 흑연과 다르다.

136
인(燐) 어떤 물질일까?

인(燐)이라는 원소의 우리말 이름에는 불(火)이라는 의미가 있고, 영어 phosphorus에는 '빛을 가지다'라는 의미가 있다. 인(P, 원자번호 15)은 화학반응이 아주 잘 일어나 자연계에 순수한 상태로 존재하지 않는다. 농작물을 재배하는 데는 질소, 인, 칼륨 등의 세 가지 비료가 꼭 필요하다. 생물의 몸에서 일어나는 화학변화에서 인은 없어서는 안 되는 원소다. 어른의 경우, 뼈와 치아, 세포에 적어도 1kg의 인이 있다.

인은 외부 조건에 따라 흰색, 붉은색, 검은색으로 변한다. 흰색 인(백인)은 30℃가 되면 저절로 산소와 결합해 희미한 빛을 내며 탄다. 붉은 적인은 240℃ 이상에서 불타기 때문에 안전성냥을 만들 때 사용한다. 인은 여러 가지 화공약품과 폭약, 연막탄, 의약, 농약의 원료가 되며, 심지어 인간의 신경을 마비시키는 화학무기인 신경가스의 원료로도 쓰일 수 있다.

나트륨은 어떤 용도로 쓰일까?

소금(NaCl)은 나트륨(natrium, 원자번호 11)과 염소가 결합한 물질이다. 나트륨은 부드러운 은백색의 금속으로 화학반응을 잘 일으키는 물질이다. 영어로 sodium이라고 불리는 나트륨은 동물의 몸에 꼭 필요한 무기 영양소이기도 하다. 나트륨은 염소(Cl)와 결합해 소금을 만든다. 인체는 소금을 섭취해 필요한 나트륨을 얻는다. 음식에 적당한 양의 소금을 곁들이면 맛이 더 좋아진다.

특정 의약품에 '소다'라는 말이 붙으면 나트륨을 포함하고 있음을 나타낸다. 가령 가성소다는 수산화나트륨(NaOH)을, 베이킹 소다는 중탄산나트륨(NaHCO₃)을, 소다수는 중탄산소다를 조금 넣은 사이다와 같은 음료수를 나타낸다.

나트륨은 물과 화학반응을 일으켜 강한 알칼리성 물질인 수산화나트륨

빵 빵을 만들 때 밀가루 반죽에 중탄산나트륨('종조'라고도 함)을 넣으면 물과 반응해 이산화탄소를 발생시킨다. 이산화탄소는 밀가루 사이에서 팽창해 먹기 좋고 소화가 잘 되는 부드러운 빵을 만든다.

이 된다. 수산화나트륨은 비누를 만들 때 사용한다. 빵을 만들 때 밀가루 반죽에 베이킹 소다를 조금 넣으면 반죽이 잘 부풀어 씹기 편하고 소화도 잘되는 빵이 된다. 이는 베이킹 소다의 성분인 중탄산나트륨이 수분과 반응해 이산화탄소를 발생시키고 이것이 밀가루 반죽 사이에 들어가 고온에서 팽창해 밀가루 반죽을 스펀지처럼 부풀리기 때문이다. 음료수에 중탄산나트륨을 넣으면 이산화탄소 거품이 발생하는 시원한 탄산수(소다수)가 된다.

마그네슘은 어디에 쓸까?

엽록소 광합성을 하는 엽록소 분자의 중심에는 마그네슘(Mg)이 있다. 적혈구를 구성하는 헤모글로빈 분자의 구조는 엽록소 분자와 비슷하며, 마그네슘이 아닌 철(Fe)이 그 중심에 있다.

마그네슘(Mg, 원자번호 12)은 지구상에 아홉 번째로 많은 (지각의 2%) 원소로, 가벼우면서 단단한 성질을 가진 은백색 금속이다. 이 원소는 소금에 주성분인 나트륨과 염소 다음으로 많이 함유돼(염화마그네슘 상태로) 있다.

마그네슘을 태우면 2,200℃까지 올라 흰빛을 낸다. 과거에는 사진을 촬영할 때 플래시에 마그네슘을 넣은 전구를 써서 밝은 섬광을 얻었다.

　마그네슘은 철, 알루미늄 다음으로 많이 사용되는 금속이다. 마그네슘과 알루미늄을 합금한 것(마그넬륨)은 가볍고 단단해 음료수 캔이나 우주선, 비행기, 미사일, 자동차, 카메라, 컴퓨터, 휴대전화기 등의 자재로도 쓰인다.

　마그네슘은 모든 생물의 세포에 꼭 필요한 원소이다. 식물의 잎에 있는 엽록소 분자의 중심에는 마그네슘이 있다. 또 인체나 동물 세포에서 효소가 정상적으로 작용하게 한다.

139
아연은 어떤 용도로 쓰일까?

　아연(Zn, 원자번호 30)은 용도가 매우 많은 금속이다. 과거에는 구리와 아연을 합금한 '황동(brass)'으로 놋쇠 그릇이나 동전을 만들었다. 참고로 브라스밴드(brass band)는 황동으로 만든 트롬본이나 트럼펫과 같은 금관악기를 주로 연주하는 악단을 의미한다.

　아연은 가공하기 쉬워 자동차공업에서는 여러 형틀(주물)을 만드는 데 쓰인다. 피부가 햇볕에 타지 않게 해주는 화장품에도 아연을 첨가하고, 수채화물감이

브라스 밴드 금관악기는 구리와 아연의 합금인 황동으로 만들어지며, 금관악기 연주자로 이루어진 악단을 '브라스 밴드'라 한다.

나 페인트의 흰색 원료로도 쓰인다. 수소를 만들 때 아연에 염산을 넣기도 한다.

아연은 모든 동식물의 몸에 필요한 미량 영양소이기도 하다. 체내에서 아연은 신경세포와 뇌 사이에 신호를 전달하는 역할을 하고 병균에 대항하는 면역에도 관여하며 효소에도 포함돼 있다.

140
주석은 어떤 용도로 쓰일까?

주석(朱錫)은 영어로 tin이며, 원소기호는 Sn(Stannum이라는 라틴어)이고 원자번호는 50이다. 은백색 금속으로 풍부하지 않은 지하자원 중 하나다. 예로부터 인류는 구리와 주석을 혼합해 청동(bronze)을 만들었다. 청동기 시대는 석기 시대와 철기 시대의 중간 시대를 말한다. 지금도 조각상은 주로 청동으로 만들며, 청동으로 만든 유물과 골동품이 출토되고 있다.

주석은 산화와 부식에 강해 합금이나 도금용으로 많이 사용한다. 플라스틱이 등장하기 전 지붕, 양동이, 대야 등의 재료로 쓰인 양철(함석)은 철판에 주석을 도금해 부식되지 않도록 만든 것이었다. 양철은 tin(영국) 또는 can(미국)이라고 부르는데, 캔(칸)으로 만든 통, 즉 '칸통'이 변해 '깡통'이 되었다고 한다.

자동차 뒷좌석 유리에 성에나 수증기가 끼어 밖이 보이지 않으면 열선을 작동시켜 성에를 녹인다. 이때 서릿발이 녹으면서 유리 표면에 투명한 선이 나타나는데, 이 자리에 주석 합금이 도금돼 있다. 여기에 전류가 흐르면 미열이 발생해 얼음을 녹이거나 수증기를 건조시킨다.

동메달, 종(鐘), 주물을 만들 때도 주석 합금을 쓰며, 파이프오르간의 파이프는 주석과 납을 절반씩 혼합한 합금으로 만든다.

141

도금은 어떻게 할까?

도금(鍍金)은 재료 표면에 금, 은, 니켈, 구리, 아연, 코발트, 크롬, 주석 등의 금속이나 합금을 얇게 입히는 것(피복)을 말한다. 신라 시대부터 불상이나 조각품에 금을 얇게 바르는 기술이 알려져 있었으며, 이 금박 기술은 후에 일본으로 전해졌다.

오늘날 도금 기술은 최첨단 화학지식과 기술을 이용한 산업으로 발전했다. 도금 기술이 발전하지 않았다면 초소형 컴퓨터 칩을 만들지 못했을 것이다. 컴퓨터나 휴대전화 등의 전자제품 부품인 마이크로칩은 도금 기술로 머리카락 두께의 수백분의 1보다 가느다란 회로를 만들어 조립한다. 이 도금 기술이 없이는 소형 전자기기를 발명할 수 없었

불상 불교 사찰의 부처상은 도금이 아니라 금박을 덮어 만든다.

을 것이다.

구리나 은으로 만든 장신구 위에 금을 입히면 순금처럼 보인다. 금을 입히면 보기에도 좋지만 잘 부식하지도 않는다. 철판에 아연이나 주석, 알루미늄을 도금하면 녹이 슬지 않는다. 음식을 저장하는 깡통은 대부분 철판에 알루미늄을 도금한 것이다.

우주비행사가 입는 옷과 헬멧에도 금이 도금돼 있다. 우주선이나 우주복에 입힌 금은 태양에서 오는 강력한 방사선을 반사하는 역할을 한다. 반사망원경의 거울에는 알루미늄이 도포돼 있어 빛을 모으는 오목거울 역할을 한다.

도금은 목적에 따라 사용되는 금속이나 도금 방법이 다르다. 가장 많이 사용하는 방법은 전기도금법이고, 그 외에 화학반응을 이용하는 법, 금속을 분무하는 법, 진공 속에서 금속을 기체 상태로 뿌리는 진공증착 방식 등이 있다. 오늘날에는 수백분의 1mm 두께로 금속을 입힐 수 있을 정도로 도금 기술이 발전했다.

142
금은 왜 귀금속일까?

금과 은, 백금을 귀금속이라 부른다. 이렇게 귀한 대접을 받는 이유는 희귀하면서도 용도가 남다르기 때문이다. 금은 5,000년도 더 이전부터 반지나 귀걸이, 왕관을 만드는 데 쓰였고 가장 값어치가 큰 금화로 사용돼왔다. 현대에 와서 금은 그 가치가 더 높아졌다. 비싼 물건을 두고 '금값'

모래 접시 금은 금덩어리나 싸라기 상태로 암석 속에서 발견된다. 금이 함유된 암석이 침식되면 금싸라기가 되어 떨어져 나온다. 이것이 모래 속에 섞이면 사금砂金이라 한다. 사금은 철보다 2배 이상 무거워 사금 접시로 골라낼 수 있다. 물에서 접시로 사금을 가려내는 작업을 패닝panning이라고 하는데, 이는 pan(냄비)에서 따온 말이다.

이라 말하는 것도 그래서다,

금(Au, 원자번호 79)은 영어로 gold라고 불리지만 원소는 '빛나다'라는 의미의 라틴어 'aurum'에서 따온 Au다. 금은 1,064℃ 이상에서 녹고 부식되거나 화학변화가 잘 일어나지 않으며 노란빛이 난다. 금은 물보다 19배 이상 무거우며 약간 무르고 잘 펴지는 성질이 있어 금 세공사들은 1g의 금으로 사방 1m의 얇은 금판(금박)을 만들 수 있다.

이 금박으로 귀한 예술품을 장식하고 글씨를 새기거나 그림을 그리기도 한다. 금으로 매우 가느다란 실을 뽑을 수 있어 수를 놓기도 하고 가루로 만들어 불상이나 건축물에 입혀 아름다운 광택이 나게 한다.

반지나 목걸이, 팔지 등을 금으로 만들 때는 순금을 쓰지 않고 구리를 미량 섞어 단단하게 만든다. 일반적으로 24k(캐럿)은 순금이고, 18k은 25%의 구리가 포함된 것이다. 그보다 순도가 낮은 14k, 10k 금 장식품을 만들기도 한다. 금은 인체에 무해하며 피부에 닿아도 알레르기 반응이 나타나지 않는다.

금은 전기가 매우 잘 통하는(은 다음으로) 성질이 있다. 은은 화학변화에 약하지만 금은 좀처럼 변하지 않아 컴퓨터나 통신기계, 우주선, 제트기 엔진 등의 전기배선에 이용한다. 소형 전자제품이 보급된 오늘날, 반도체의 전기배선에 금을 이용하면 전기가 잘 통하고 배선이 끊어질 염려도 적다. 전 세계에서 생산되는 금은 22% 이상이 산업용으로 쓰이고, 71%는 장식품이나 예술품을 만드는 데 활용된다.

예전에는 금을 발견하면 수많은 사람이 몰려들었다고 해서 '골드러시(gold rush)'라고 표현했다. 오늘날 금이 가장 많이 산출되는 곳은 남아프리카이고, 그 외에 미국, 오스트레일리아, 중국, 캐나다, 러시아 등에서도 많이 생산되고 있다.

143

톱이나 드릴, 재단기의 날에는 어떤 금속을 쓸까?

철은 구리 다음으로 오랫동안 써온 금속으로, 현대에 이르러서는 용도가 더 많아졌다. 철(Fe, 원자번호 26)은 영어로 iron이라 하고, 화학기호는 Fe(라틴어 ferron에서 따옴)이다. steel은 일반 쇠보다 강하게 만든 '강철'을 의미한다.

철도 고층 빌딩과 교량, 기차와 레일, 자동차, 높은 탑 등은 강철로 기본 골격구조를 만든다.

제철공장에서는 용도에 따라 여러 종류의 철을 만든다. 철에 탄소가 약간 섞이면 강철이 되는데, 철판을 자르거나 철판에 구멍을 뚫을 때는 이 강철로 만든 도구를 사용한다. 제재소에서는 날카로운 강철 톱날로 굵은 나무를 켠다. 철공소의 선반 날도 강철이다. 단단한 것을 자르고 구멍을 내는 톱, 드릴, 재단기, 쇠를 깎는 선반의 날, 칼날, 도끼날, 렌치, 드라이버 등은 고속 회전을 하거나 작업 시 발생하는 고온의 마찰열에도 잘 견뎌야 한다. 이 용도를 위해 특수 제작한 쇠를 고속도강이라 한다.

고속도강을 만드는 방법은 1910년경 미국의 철강회사가 개발했다. 처음에는 쇠에 탄소와 텅스텐만 혼합해 만들었으나, 차츰 크롬이나 몰리브덴, 바나듐, 코발트 등을 적절히 배합해 더 단단하면서 열에 잘 견디는 고속도강을 만들게 되었다. 일반 강철은 250℃만 넘어도 날이 무뎌지지만, 고속도강은 500~600℃에 이르러도 무뎌지지 않는다.

강철과 피아노선의 철은 어떻게 다를까?

피아노 건반 반대쪽 뒷면을 열어보면 여러 가닥의 피아노선이 팽팽하게 당겨져 있는 것을 볼 수 있다. 건반을 누르면 작은 나무망치가 피아노선을 두들겨 맑은 피아노 소리가 난다. 피아노선은 가늘지만 잡아당기는 힘을 잘 견디는 힘(장력)을 갖고 있다.

피아노선(피아노강선)은 탄소를 비롯하여 황, 인, 규소, 망간 등의 성분이 합금된 강철의 일종이며, 대개 0.15~4.8mm 직경이다. 피아노강선을 만드는 회사는 소수로, 합금 비율이나 제조법은 회사에 따라 다르다.

기타줄이나 특수 스프링도 피아노강선으로 만든다. 피아노강선은 워낙 강해 펜치로도 잘 잘라지지 않으며 자르다 펜치 날이 물러지기도 한다. 탄소 성분이 다량 함유된 강철이나 피아노강선은 고온에서 만들어 제조비가 많이 든다.

피아노선 피아노의 뒷면 내부는 좀처럼 늘어나지 않는 피아노선이 팽팽하게 당겨져 있다. 건반을 누를 때마다 나무망치가 피아노선을 때려 아름다운 소리를 낸다.

우라늄을 채굴할 때 방사선에 노출되지 않을까?

우라늄(U, 원자번호 92)이라
는 원소는 우라늄광이라는 암석
에 함유돼 있으며 모든 원소 중
에서 가장 무겁다. 우라늄은 지
각(地殼)을 구성하는 전체 물질의
0.02%를 차지한다. 천연 우라늄
광에서는 세 가지 우라늄이 추출
된다. 그중 우라늄-238은 전체
산출량의 약 99.3%를 차지하고,

우라늄디시 우라늄을 소량 넣어 만든 유리그
릇에서 은은한 형광이 나고 있다. 수집가들이
찾는 이 유리그릇에서 나오는 방사선은 극히
미약해 인체에 위험이 없다.

우라늄-235는 0.7%, 우라늄-234는 극히 미량 함유돼 있다.

우라늄에서는 방사선인 알파 입자가 끊임없이 방출돼 방사성 물질로
알려져 있다. 자연적인 방사성 물질에는 우라늄 외에 토륨, 플루토늄, 라
듐 등이 있다. 천연 우라늄에서는 아주 미미한 방사선(알파 입자)이 방출되
기 때문에 인체에 영향을 주지 않아 우라늄 광산 작업자가 방사선 피해를
입을 염려가 없다. 우라늄은 바닷물에도 포함돼 있다. 또 유리에 우라늄을
미량 섞어 만든 접시에서는 은은한 연두색 형광이 나온다.

방사성 물질(방사선을 내는 물질)에서 방사선이 지속적으로 방출되면
그 물질은 차츰 다른 물질로 변한다. 가령 10kg의 우라늄-238은 약 45
억 년이 지나면 5kg은 납으로 변해 5kg의 우라늄이 남는다. 따라서 우라
늄-238의 반감기는 45억 년이다. 우라늄-235는 반감기가 약 7억 4백만

년이다. 과학자들은 우라늄이나 다른 방사성 물질의 반감기를 조사해 지구의 역사나 고대 유물의 연대를 측정한다.

146
우라늄은 왜 원자폭탄이나 핵발전소의 연료로 쓰일까?

우라늄-238, 우라늄-235, 우라늄-234는 자연 상태에서도 존재한다. 1930년대에 여러 물리학자들이 우라늄-235에 중성자를 쏘면 우라늄-236이 되면서 깨져(붕괴) 2개의 원소(크립톤-92과 바륨-141)로 나눠지고 몇몇 중성자를 방출한다는 사실을 발견했다. 연구 끝에 우라늄-236이 깨질(핵분열) 때 나온 중성자가 다른 우라늄-235를 연달아 파괴(연쇄 핵반응)하고, 이때 엄청난 에너지가 발생한다는 사실을 알게 되었다.

우라늄-235 1g이 핵분열하면 그 무게의 3,000,000배인 석탄 3t을 태운 것과 맞먹는 열량(에너지)이 발생한다. 우라늄-235의 핵분열과 연쇄 핵반응을 이용해 미국은 1945년 최초의 원자폭탄을 만들어 일본과의 전쟁에 사용했다. 원자폭탄은 순수하게 농축한 우라늄-235가 최소한 7kg은 있어야 폭탄이 될 수 있다고 한다.

과학자들은 우라늄-235의 함량이 낮은(약 3% 포함) 연료를 느린 속도로 핵분열시켜 뜨거운 열을 얻는 원자로를 만들었다. 이 원자로는 원자력발전소에서 이용된다. 원자로에서 나오는 에너지는 항공모함이나 잠수함을 가동시킨다.

과학자들은 가장 풍부한 우라늄-238에 중성자를 쏘아 플루토늄-239

원자력발전소 원자력발전소에서는 핵반응로에서 발생한 열로 물을 데워 전기를 생산한다. 원자력발전소의 거대한 냉각탑은 발전기를 가동시킨 뜨거운 증기를 빨리 냉각시켜 물로 만든다.

를 만드는 방법도 찾아냈다. 플루토늄-239에 중성자를 쏘면 우라늄-235처럼 핵분열 반응을 일으켜 핵폭탄이 된다. 따라서 우라늄-235와 플루토늄-239는 핵폭탄의 연료가 될 수 있다.

천연 플루토늄은 플루토늄-244으로, 방사성 물질이면서 유독한 물질이다. 천연 플루토늄은 우라늄광에 극히 미량 함유돼 있으며, 우라늄에 중성자를 쏘아 만들기도 한다.

147
시멘트는 어떻게 콘크리트가 될까?

시멘트공장은 주로 품질 좋은 석회석이 많이 생산되는 지역에 있다. 시멘트의 주원료가 석회석이기 때문이다. 석회석의 주성분은 조개나 소라, 굴의 껍데기와 같은 탄산칼슘($CaCO_3$)이다. 대리석의 성분도 마찬가지다.

석회석을 높은 온도로 가열하면 산소가 날아가고 흰색의 산화칼슘(CaO) 덩어리가 된다. 이를 생석회라 한다.

시멘트는 이 생석회에 점토(산화규소가 주성분)를 섞어 높은 온도(약 1,500℃)로 가열한 후 가루로 만든 것이다. 일반적으로 건축에서 많이 사용하는 시멘트는 '포틀랜드 시멘트'라 부른다. 시멘트공장에서는 성질이 다른 여러 종류의 시멘트를 생산한다.

탄산칼슘($CaCO_3$) — 가열 → 산소(날아감) + 산화칼슘(Cao 생석회)

산화칼슘 + 점토 — 가열 → 시멘트 가루

cement는 '잘 붙다'를 뜻한다. 다른 암석이나 철근, 목재와 단단히 붙는다고 해서 붙여진 이름이다. 시멘트에 모래와 자갈 등을 혼합하고 물을 섞어 그대로 두면 몇 시간 후 바위처럼 단단하게 굳어진다. 이것이 콘크리트다. 시멘트는 건물, 다리, 터널, 도로포장, 벽돌 제조 등에 없어서는 안 되는 건축자재다.

레미콘 레미콘 Ready Mixed Concreate(미리 혼합된 콘크리트)을 줄여 쓴 말이다.

시멘트에 물을 혼합하면 굳어지는 이유는 시멘트 분자가 물 분자와 화학적으로 단단히 결합하기 때문이다. 레미콘 트럭은 시멘트와 모래, 자갈, 물을 적절히 혼합하면서 건축 현장까지 운반하는 차를 말한다. 레미콘 트럭이 콘크리트 탱크를 빙글빙글 돌리면서 이동하는 이유는 콘크리트를 계속 저어야 굳지 않기 때문이다.

148

석고는 물을 만나면 왜 시멘트처럼 단단해질까?

시멘트는 산화칼슘(CaO)이 주성분이며, 석고(石膏)는 황산칼슘($CaSO_4$)이 주성분이다. 석고는 자연 상태에서 물과 결합하여 굳은 형태의 광물로 산출된다. 석고는 단단한 고체이지만 손톱으로 긁으면 흠집이 날 정도로 무르다.

자연에서 산출된 석고를 100℃ 이상에서 가열하면 수분이 빠져나가면서 흰색 가루가 된

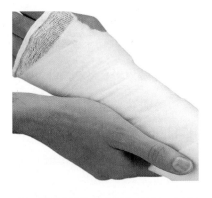

깁스 골절된 팔을 고정시키는 깁스는 소석고로 만든다. 석고는 영어로 gypsum이라고 하고 흔히 쓰는 '깁스'라는 말은 독일어 Gips에서 온 것이다.

다. 이 석고 가루를 '구운 석고' 또는 소석고(燒石膏)라고 하는데, 소(燒)는 뜨겁게 구웠다는 뜻이다.

소석고 가루에 물을 부어 30분 정도 두면 물과 결합해 단단한 본래의

상태가 된다. 소석고는 석고상을 만드는 재료로 쓰이며, 주물(鑄物) 형태를 뜨는 틀이나 의치(義齒)의 틀을 뜰 때 사용하기도 한다. 또한 병원에서는 골절상을 당했을 때 골절 부분을 석고로 감싸고 굳혀 뼈세포가 다시 자라 연결될 동안 움직이지 못하게 한다. 분필의 원료도 소석고다. 운동장에 트랙을 그릴 때 사용하는 흰 가루 역시 소석고다.

149

엑스레이 촬영 시 복용하는 바륨은 어떤 역할을 할까?

원래 바륨(Ba, 원자번호 56)은 은색의 금속이다. 바륨은 화학작용이 강해 자연계에 홀로 있지 못한다. 주변에 산소나 물이 있으면 바로 결합한다. 물에 녹은 바륨은 인체에 위험한 독극물이다.

어떤 공간을 진공 상태로 만들 때 강력한 펌프로 내부의 공기를 뽑아낸다. 기체 상태의 산소가 조금이라도 남지 않게 하기 위해서 적당한 양의 바륨을 내부에 넣는다. 그러면 바륨은 산화반응을 일으켜 산소를 전부 흡수하고 내부는 산소가 완전히 제거된 진공이 된다.

위나 장을 엑스레이로 촬영하기 전에 환자가 마시는 우윳빛 액체는 '황산바륨($BaSO_4$)' 가루를 물에 탄 것이다. 황산바륨은 엑스선이 통과하는 것을 차단하는 성질이 있어 이 물질로 장 내부를 가득 채우고 엑스선으로 비춰보면 종양이나 궤양과 같은 울퉁불퉁한 상태를 육안으로 쉽게 확인할 수 있다.

특히 황산바륨은 무거워 장 속에 들어 있는 음식물 찌꺼기를 밀어내

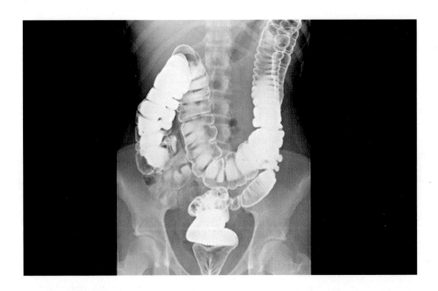

황산바륨 엑스선이나 CT촬영 전에 마시는 바륨(황산바륨액)은 엑스선이 통과하지 못하게 한다. 엑스선의 그림자(영, 影)는 소화관에 생긴 이상을 구분할 수 있게 해준다. 따라서 황산바륨액은 그림자를 만드는 제품이라는 뜻으로 조영제造影劑라 한다.

장벽을 깨끗하게 관찰할 수 있게 해준다. 황산바륨은 인체에 무해하지만 검사가 끝난 다음에도 장에 남아 있으면 뭉쳐 장이 막히므로 촬영 후에는 바로 설사약을 먹어 전부 배출시켜야 한다.

    엑스선이 통과하기 어려운 물질에는 바륨 외에 백금, 금, 수은, 납, 요드 등이 있다. 금과 백금은 비싸기도 하지만 바륨처럼 설사약으로 배설할 수 없고 수은이나 납은 인체에 치명적이다.

바닷물은 어떻게 담수(민물)로 만들까?

사우디아라비아 등 중동의 여러 국가는 석유가 많이 나지만 물이 귀한 사막의 나라다. 이들 국가에서는 바닷물을 담수(淡水, 소금기가 없는 물)로 만들어 쓴다. 해수에서 담수를 생산하는 시설을 '해수 담수화 공장' 또는 줄여서 '담수화 공장'이라 한다. 우리나라의 두산중공업은 중동의 여러 나라에 세계 최대 규모의 담수화 공장(water plant)을 건설한 것으로 유명하다.

담수화 공장에서는 '이온교환수지(ion exchange resin)'라 부르는 특수

한 막을 사용해 바닷물에서 담수만 걸러낸다. 이온교환수지는 반투성 물질이라 한다. 소금물을 반투성 물질(이온교환수지)로 가로막으면 물만 걸러져 나오고 염분은 그대로 남는다. 이런 방식을 역삼투압법이라 한다.

담수화에 이용되는 이온교환수지는 알루미늄과 규소를 결합시켜 만든 제올라이트(zeolite)라 불리는 물질이며, 내부에 구멍이 많은 입자다. 해수가 제올라이트를 통과하면

레진수지 소나무, 잣나무 등의 상처에서 분비되는 매우 끈끈한(고점도) 물질(송진)을 수지樹脂(나무의 점액 물질), 즉 레진resin이라 한다. 수지는 자연에도 존재하고 인공적으로 합성한 것(합성수지)도 여러 가지다.

담수화 공장 두산중공업은 사우디아라비아 등 중동 지역에 대규모 담수화 공장을 지었다. 해수의 담수화는 증발 방식보다 이온교환수지를 사용하는 방법이 경제적이다.

염분은 제올라이트와 이온결합하고 물만 빠져나간다. 담수화 과정에는 이온교환수지가 대량 사용된다. 또 담수 처리를 하려면 높은 압력이 필요하므로 많은 전력이 소모된다.

바닷물의 소금 농도는 지역에 따라 조금씩 다르다. 큰 강이 흘러드는 바다는 염분 농도가 낮다. 또 빙하가 흘러내리는 주변도 저염분이다. 소금물이 얼면 염분은 남고 물만 얼기 때문에 빙하에는 소금기가 없다. 세계에서 소금 농도가 가장 진한 바다는 홍해다. 홍해 주변은 물이 흘러드는 강이 적고 비도 조금 내리며 기온까지 높아 증발이 많기 때문이다.

세계 곳곳에는 소금 광산이 있다. 고대의 소금 호수가 완전히 건조해 지하에 묻히면 소금 광산이 되는데 이곳에서 생산되는 소금을 암염(巖鹽)이라 한다. 암염은 광석처럼 채굴하기도 하고 물을 쏟아 넣어 진한 소금물로 만든 다음 펌프로 퍼내고 재건조하기도 한다. 전 세계의 연간 소금 생산량은 2억t 이상이며, 전체의 17.5%는 식용으로 쓰고, 나머지는 주로 화학제품을 생산하는 원료로 사용된다.

5장

원소, 원자,
분자, 화합물

151

화학은 무엇을 연구할까?

원소를 가장 작은 상태로 쪼갠 것이 원자이다. 원자를 쪼개면 핵과 그 주변을 도는 전자로 나뉜다. 전자는 음전기를 가지고 있으며 더 이상 쪼갤 수 없을 만큼 작다. 과학자들은 모든 원소의 핵이 양성자와 중성자로 이루어져 있다는 사실을 알게 됐다 (중성자 없이 양성자만 있는 수소는 예외다). 그런데 100여 가지 원소는 핵에 있는 양성자와 중성자의 수가 각기 다르고 핵 주변을 도는 전자의 수도 다르다.

화학은 이 세상에 존재하는 갖가지 물질의 성분과 구조와 성질을 조사하고 각 물질이 서로

화학 오늘날 물질문명이 극도로 발달하게 된 데는 화학의 기여가 크다.

결합하거나 분리되는(화학반응) 현상을 연구하며 화학반응 중에 나타나는 에너지의 변화 등을 탐구하는 분야다.

우주가 탄생할 때 물질은 어떻게 생겨났을까?

과학자들은 우주가 약 146억 년 전에 탄생했다고 생각한다. 그 이전에는 물질도, 시간도, 공간도 없었으며, 태양에서 오는 에너지 역시 없었다고 말한다. 이처럼 아무것도 존재하지 않다가 빅뱅(대폭발)이 일어났다. 하지만 무엇이 폭발했는지는 모른다. 이 폭발 후 0.1초가 지나자 300억℃에 이르면서 빛(광자)과 양성자, 중성자, 전자, 뉴트리노라고 부르는 것들이 생겨나 사방으로 빠르게 퍼져 나갔다.

우주 탄생 우주의 탄생 과정은 과학의 가장 큰 의문이다.

시간이 지나고 온도가 내려가자 수소의 원자핵이 만들어지고, 핵융합 반응이라는 원자의 변화가 일어나면서 수소의 핵들이 결합해 헬륨이라는 원소가 탄생하고, 이어서 탄소, 질소, 산소, 나트륨, 마그네슘, 철, 우라늄 같은 여러 원소가 생겨났다.

우주에는 가장 가벼운 수소부터 제일 무거운 우라늄까지 아흔두 가지의 순수한 물질(원소)이 만들어져 존재하는데, 이렇게 되기까지 약 70억 년이 걸렸다고 한다. 우주의 창조와 원자의 성질 및 변화 등에 대해서는 물리학자들과 천문학자들이 끊임없이 연구하고 있다.

153
지구에 존재하는 물질은 얼마나 될까?

화학자들은 지구상에 존재하는 화합물의 종류가 적어도 오백만 가지 이상이라고 생각한다. 하지만 이 모든 화합물의 기본이 되는 물질은 100여 종에 불과하다. 한글 자모(子母) 24자로 수백만 개의 단어를 만들 듯이 100여 종의 원소가 그처럼 많은 종류의 화학물질을 탄생시킨 것이다.

지구상에는 수백만 종의 동식물이 산다. 하지만 동식물을 구성하는 기본 물질(원소)은 산소, 수소, 탄소, 질소, 황, 인을 비롯해 겨우 십여 가지에 불과하다. 반면 이것들이 만드는 물질(유기물)의 종류는 수백만 가지다.

과학자들은 아무리 복잡한 화합물도 각 원소를 나타내는 간단한 화학 기호(수소는 H, 산소는 O, 철은 Fe 등)로 표시하며, 이를 원소기호라고 한다. 원소기호는 언뜻 어려워 보이지만 알고 보면 매우 편리한 기호다. 물 분자를 화학기호로 나타낸 H_2O는 '에이치투오'라고 읽고, 이는 물 분자가 수소 원자 2개와 산소 원자 1개로 이루어져 있음을 나타낸다.

154
양성자, 중성자, 전자의 크기와 무게는 얼마일까?

이 질문의 답을 찾고 싶으면 물리학이나 화학자가 될 수 있다. 무게(질량)는 일반적으로 그램(g), 킬로그램(kg), 톤(t) 등으로 나타낸다. 양성자의 질량은 10에 0을 27개 붙인 숫자(10-27) 분의 1.6725kg이고, 중성자의 무게도 양성자와 거의 비슷하다. 양성자와 중성자의 크기는 10에 0을 13개 붙인 숫자 분의 1(10-13)cm이다.

전자는 양성자나 중성자의 1,836분의 1 정도로 가볍고 작다. 즉, 전자는 크기와 무게를 측정할 수 없을 정도라 영(0)으로 취급한다. 전자는 작지

전자의 크기 우주의 탄생 과정은 과학의 가장 큰 의문이다. 그림은 양성자(노란색)와 중성자(붉은색)와 전자(청색)의 무게를 나타낸다. 전자의 무게는 양성자의 1,836분의 1이므로 과학자들은 0으로 상정한다.

만 전자가 가진 음전기의 양(음전하)은 양성자가 가진 양전기(양전하)를 중화시킬 정도다.

전자는 원자의 핵 주변을 돌고 있다. 하지만 전자는 핵에 가깝게 도는 것이 아니라 아주 멀리 떨어져서 돈다. 원자의 핵 크기가 골프공이라면 전자들은 골프공에서 약 3km 떨어진 공간 속을 돌고 있는 셈이다.

155
소립자는 무엇일까?

약 200년 전 영국의 화학자 돌턴은 모든 물질이 원자(atom, '보이지 않는 가장 작은 물질'이라는 의미의 그리스어)로 이루어져 있으며, 원자는 더 이상 쪼갤 수 없을 만큼 작다고 처음으로 주장했다. 그로부터 100여 년이 지나고 모든 원자가 전자, 양성자, 중성자로 구성돼 있다는 사실이 밝혀지면서 이를 소립자(素粒子)라고 부르게 되었다.

지난 반세기 동안에 과학자들은 양성자와 중성자가 더 작은 입자들로 구성되어 있다는 사실을 알게 되었다. 이와 관련된 연구 분야가 오늘날 최첨단 물리학과 화학 분야다. 이 소립자들에 쿼, 렙톤, 보손, 포톤, 글루온, 위콘, 뮤온, 토우, 뉴트리노, 해드론 등의 다양한 이름을 붙였다.

원자번호와 원소주기율표는 무엇일까?

백여 가지 원소 중에서 인간의 몸을 이루는 원소는 산소가 약 65%, 탄소 18%, 수소 10%, 질소 3%, 칼슘 2%, 인 1% 그리고 기타 원소가 1%이다. 각 원소는 매우 작은 입자로 이루어져 있으며, 이를 원자라 한다. 이를테면 수소 원자, 산소 원자, 우라늄 원자 등으로 이루어져 있다. 각 원소의 원자를 쪼개면 더 작은 입자로 나뉘는데, 달리 말해 각 원자는 양성자, 중성자, 전자로 구성되어 있다.

이들 각 원소는 핵 하나당 구성하는 양성자 수가 다르다. 가령 수소는 1개, 헬륨은 2개, 리튬은 3개, 베릴륨은 4개, 붕소는 5개, 탄소는 6개, 라

	1족	2족	3족	4족	5족	6족	7족	8족	9족	10족	11족	12족	13족	14족	15족	16족	17족	18족
1주기	1 H																	2 He
2주기	3 Li	4 Be											5 B	6 C	7 N	8 O	9 F	10 Ne
3주기	11 Na	12 Mg											13 Al	14 Si	15 P	16 S	17 Cl	18 Ar
4주기	19 K	20 Ca	21 Sc	22 Ti	23 V	24 Cr	25 Mn	26 Fe	27 Co	28 Ni	29 Cu	30 Zn	31 Ga	32 Zn	33 Ge	34 As	35 Br	36 Kr
5주기	37 Rb	38 Sr	39 Y	40 Zr	41 Nb	42 Mo	43 Tc	44 Ru	45 Rh	46 Pd	47 Ag	48 Cd	49 In	50 Sn	51 Sb	52 Te	53 I	54 Xe
6주기	55 Cs	56 Ba	71 Lu	72 Hf	73 Ta	74 W	75 Re	76 Os	77 Ir	78 Pt	79 Au	80 Hg	81 Tl	82 Pb	83 Bi	84 Po	85 At	86 Rn
7주기	87 Fr	88 Ra	103 Lr	104 Rf	105 Db	106 Sg	107 Bh	108 Hs	109 Mt	110 Ds	111 Rg	112 Cn	113 Nh	114 Fl	115 Mc	116 Lv	117 Ts	118 Og

란타넘족	57 La	58 Ce	59 Pr	60 Nd	61 Pm	62 Sm	63 Eu	64 Gd	65 Tb	66 Dy	67 Ho	68 Er	69 Tm	70 Yb
악티늄족	89 Ac	90 Th	91 Pa	92 U	93 Np	94 Pu	95 Am	96 Cm	97 Bk	98 Cf	99 Es	100 Fm	101 Md	102 No

원소주기율표 원소주기율표의 원소들은 가로별, 세로별로 공통점을 지닌다. 주기율표상 원자번호 1번 수소에서 92번 우라늄까지는 자연계에 존재하는 원소를, 102번까지의 원소는 과학자들이 인공적으로 만든 원소이며, '초우라늄원소'라 부른다.

듐은 88개, 우라늄은 92개다. 이처럼 각 원소의 핵이 가진 양성자의 개수대로 원자번호(가령 수소는 1번, 산소는 16번, 우라늄은 92번)를 매기며, 양성자 수에 따라 순서대로 표를 만든 것이 원소주기율표다. 원소주기율표를 고안한 과학자는 러시아의 화학자 드미트리 멘델레예프(Dmitri Mendeleev, 1834~1907)다.

157
인공원소란 무엇일까?

지구상에 자연적으로 존재하는 원소의 종류는 총 아흔두 가지로, 이에 대해서는 19세기 말 이전에 모두 알려졌다. 하지만 20세기가 시작된 이후 과학자들은 '가속기'라는 특수 실험 장치를 이용해 무거운 원소들의 핵에 인공적으로 양성자를 집어넣어 지금까지 스물여섯 가지의 인공원소를 만들었다. 현재까지 알려진 원소의 종류는 모두 백열여덟 가지인 셈이다. 다만 인공원소들은 불안정해 다른 안정한 원소로 금세 변한다.

자연계에 존재하는 92개의 원소 가운데 탄소, 황, 금, 납은 5,000년도 더 이전부터 그 존재를 알고 있었던 원소라면, 구리, 은, 철, 주석, 수은, 안티몬과 같은 원소는 1,000~5,000년 전에 밝혀진 원소다. 나머지는 17세기 이후 여러 화학자들이 발견한 것이다.

이들 원소 가운데 상온(25℃)에서 기체인 것은 수소, 헬륨, 네온, 산소, 질소 등 11종류이고, 액체인 것은 수은과 브롬 두 가지이며, 나머지는 모두 고체다.

원자의 구조는 누가 최초로 알아냈을까?

　수소, 산소, 철, 금 등의 원소가 원자로 구성되어 있다는 사실을 처음 확인한 것이 약 100년 전이다. 1897년 영국의 물리학자 조지프 존 톰슨(Joseph John Thomson, 1856~1940)은 전기의 성질을 연구하던 중 음전기를 가진 입자를 발견하고 이 입자를 '전자'라고 불렀다. 1919년에는 영국의 물리학자 어니스트 러더퍼드(Ernest Rutherford, 1871~1937)가 양성자를 발견했다. 그는 중성자의 존재를 예측했으나 찾아내지 못하고 있었다. 그러다 다음 해, 그의 연구 동료인 제임스 채드윅(James Chadwick, 1891~1974)이 중성자를 발견하게 된다.

　전자를 처음 발견한 톰슨은 1906년도 노벨물리학상을 수상했고, 양성자를 발견한 러더퍼드는 1908년에 노벨화학상을, 중성자를 발견한 채드윅은 1935년에 노벨물리학상을 받았다.

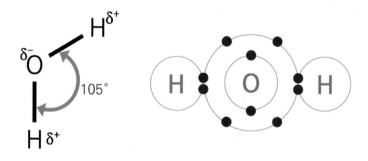

물 분자 2개의 수소와 1개의 산소가 결합한 물의 분자 구조. 수소 원자는 1개의 전자를, 산소 원자는 8개의 전자를 가졌다. 수소와 산소의 원자는 바깥의 전자를 공유하며 안정된 상태를 유지한다.

원자와 분자는 어떻게 다를까?

물의 분자는 화학기호가 H_2O 이고, 이산화탄소는 CO_2다. 이는 각각 물 분자는 2개의 수소 원자(H)와 1개의 산소(O) 원자가 화학적으로 결합하고, 이산화탄소는 탄소(C) 원자 1개와 산소 원자 2개가 결합한 것임을 의미한다. 소금 분자를 나타내는 $NaCl$은 나트륨(Na) 원자 1개와 염소(Cl) 원자 1개가 결합한 것임을 나타낸

분자 구조 복잡한 분자는 여러 종류의 원자가 여러 개 모인 구조를 이루고 있다. 커피의 주성분인 카페인은 수소, 산소, 질소, 탄소 원자들이 서로 결합해 1개의 분자를 이루는 분자 구조를 가지고 있다.

다. 이처럼 물, 이산화탄소, 소금은 모두 두 가지 원소가 화학적으로 결합해 원소일 때와는 전혀 다른 성질을 가진 화합물임이 보여지고 있다.

화합물이 아닌 홀로 존재하는 산소 분자는 O_2, 수소 분자는 H_2, 탄소 분자는 C로 나타낸다. 즉, 산소 분자는 산소 원자 2개가, 수소 분자는 수소 원자 2개가 결합한 것이고, 탄소는 원자가 1개이면서 분자임을 나타낸다. 하지만 생명체의 몸을 구성하는 단백질은 몇 가지 원소의 원자가 수천 개 결합해 1개의 분자를 이루고 있다.

산소의 경우, 산소 원자 1개가 홀로 있을 때와 산소 원자 2개가 결합해 분자를 이루고 있을 때 화학적인 성질이 달라진다. 수소의 경우, 원자 홀로(H) 있으면 화학적으로 안정하지 못해 다른 원자와 결합하려 하

지만, 원자가 2개 결합한 분자(H_2)가 되면 화학적으로 훨씬 안정한 상태가 된다.

방사선, 방사능, 방사성 물질, 핵물질, 핵붕괴는 무엇일까?

태양에서 오는 빛에는 전자기파, 적외선, 가시광선, 자외선, 엑스선, 감마선 등이 포함돼 있다. 이는 육안으로 볼 수 없으며 빛의 속도로 이동하고 에너지를 가진 파(波)인 동시에 입자의 성질을 갖고 있다. 과학자들은 이를 총칭해 방사선(放射線 radiation)이라 부른다. 전자기파(電磁氣波)라고도 부르는데, 이들 방사선이 전자기 에너지를 가졌기 때문이다.

방사성 물질 노란색 드럼과 검은 마크는 방사성 물질임을 경고한다.

우라늄, 플루토늄, 라듐, 토륨과 같은 물질의 핵에서는 세 가지 방사선(알파선, 베타선, 감마선)이 나온다. 이처럼 방사선을 방출하는 능력을 방사능(放射能)이라 하고, 방사능을 가진 물질(방사선을 방출하는 물질)을 방사성 물질이라 한다. 방사성 물질은 자연계에 존재하기도 하고 실험실에서 인공적으로 만들기도 한다.

방사성 물질의 원자는 많은 에너지를 갖고 있어 불안정하므로 여분의 에너지를 방사선(알파, 베타, 감마선)으로 방출한다. 이 방사선 중 감마선은 특히 에너지가 강해 생물체를 해칠 수 있다. 원자탄이 폭발하면 엄청난 폭발과 함께 많은 방사성 물질이 방출되면서 방사선이 나와 두려움의 대상이 된다.

과학자들은 우라늄이나 플루토늄과 같은 물질이 가진 강력한 에너지를 한꺼번에 방출시키는 방법을 알아냈다. 그리고 이 방법을 이용해 원자력발전과 원자폭탄을 만들었다.

핵물질은 핵폭탄 또는 원자력발전에 사용하는 물질(핵연료)을 의미한다. 1kg의 우라늄에서는 약 3,000,000kg의 석탄에 맞먹는 에너지가 나올 만큼 핵연료는 매우 적은 양으로 막대한 에너지를 방출한다. 따라서 화석연료가 부족해짐에 따라 원자력발전소를 대안으로 생각하는 사람들도 있다.

161
동위원소는 무엇일까?

자연에 존재하는 탄소(C)는 핵에 6개의 양성자와 6개의 중성자를 가지고 있다. 그런데 일부 탄소는 6개의 양성자와 7~8개의 중성자를 가졌다. 과학자들은 이 세 가지 탄소를 구분할 수 있도록 양성자와 중성자를 합한 숫자를 붙여 각각 탄소-12, 탄소-13, 탄소-14로 나타낸다. 탄소-14는 많은 에너지를 갖고 있어 탄소-12나 탄소-13과는 달리 방사선을 방출한다. 이 세 가지 탄소는 같은 물질이면서 성질이 조금씩 달라 동위원소(同位元

수소동위원소 수소도 세 가지 동위원소가 있다. 일반적인 수소는 핵으로 양성자 1개에 전자 1개를 가졌다.(왼쪽) 핵에 중성자 1개를 가진 것(중앙)과 중성자 2개를 가진 것(오른쪽)도 있는데, 중성자 1개를 더 가진 것은 중수소^{重水素}, 중성자를 2개 가진 것은 삼중수소라 한다.

素) 또는 동위체라 부른다.

동위원소는 탄소 원자뿐만 아니라 다른 원소에도 있으며, 인공적으로 만들기도 한다. 알려진 동위원소의 종류는 오백여 가지나 된다. 가령 우라늄 동위원소에는 우라늄-238(U-238), U-235, U-234 등이 있고, 플루토늄(Pu)에는 Pu-244와 Pu-239, 라듐(Ra)에는 Ra-222와 Ra-228 등이 있다.

162
방사성 탄소를 이용한 연대 측정은 무엇일까?

탄소의 동위원소인 C-14는 방사선을 방출하면서 차츰 C-12로 변해 간다. 가령 1,000g의 C-14가 방사선을 계속 방출해 500g의 C-14가 남는 데는 약 5,570년의 시간이 걸린다. 이처럼 방사성 물질이 본래 가지고 있던 양의 절반으로 줄어드는 데 걸리는 시간을 반감기(半減期)라 한다.

방사성 물질의 반감기는 라듐-226은 1,602년, 코발트-60은 5.3년, 세

목재 목재를 땅에 묻어두고 5,570년 후에 꺼내 보면 목재 속에 포함된 C-14의 양이 지금보다 절반으로 줄어 있을 것이다. 방사성 연대 측정은 이 현상을 거꾸로 계산해 고대인의 유물과 화석 등이 형성된 시기를 계산하는 방법이다. 지층의 나이는 그 지층에서 발견된 화석의 연대를 조사하면 간접적으로 알 수 있다.

슘-137은 30년, 이리듐-192는 74.2년, 라돈-222는 3.82일, 요오드-125는 60.2일이다.

오늘날 과학자들은 고대 유골이나 화석이 발견되면 C-14의 양을 정밀하게 비교해 해당 유물의 연대를 추정하는데, 이를 '방사선 탄소를 이용한 연대 측정'이라고 한다.

163
우주와 지구에는 어떤 원소가 가장 많을까?

우주 관점에서 보면 가장 많은 원소는 수소고 그다음이 헬륨이다. 수소는 우주 전체 질량의 75%를 차지한다. 지구에서 가장 풍부한 원소는 모든 물질의 거의 절반(49.5%)을 차지하는 산소다. 지구에서 산소는 물의 성분인 동시에 공기의 20%를 차지하며, 암석과 광물 속에도 대량 함유돼 있

염전 해수에는 소금(염소와 나트륨) 외에 칼슘, 칼륨, 마그네슘뿐 아니라 심지어 코발트와 우라늄까지 녹아 있다.

다. 지구에서 산소 다음으로 많은 원소는 바위와 모래의 주성분인 규소(실리콘)다.

지구상에 존재하는 물질 중 인류가 가장 유용하게 쓰고 있는 것이 소금(염화나트륨)이다. 바닷물 1kg에는 평균 35g(약 3.5%)의 소금이 녹아 있다. 바닷물의 전체 양은 10에 0을 21개 붙인 kg이므로 그 속에 포함된 소금의 양은 50에 0을 18개 붙인 kg이 될 것이다. 오늘날 소금의 화학적 용도는 일만오천 가지나 된다.

164

기체, 액체, 고체는 어떻게 다를까?

물은 액체이지만 끓이면 기체가 되고 온도가 내려가면 고체가 된다. 기체, 액체, 고체를 흔히 물질의 기본적인 세 가지 형태, 즉 '물질의 3태'라고 말한다. 여기에 추가되는 형태가 하나 더 있다. 바로 '플라스마'다.

산소, 수소, 이산화탄소, 수증기와 같은 기체는 원자(또는 분자)들이 제멋대로 흩어진 상태에서 사방으로 이동한다. 하지만 물, 알코올, 수은과 같은 액체는 분자가 일정한 간격을 유지한 상태로 붙어 있지만, 서로 미끄러져 흐를 수 있다. 반면에 쇠나 돌과 같은 고체는 분자들의 위치와 간격이 일정하면서 미끄러지지 않는 상태로 붙어 있다.

물을 기체에서 액체, 고체로 변화시키는 것은 열이다. 열은 분자 운동을 활발하게 만드는 요소다. 온도가 높을수록 분자 운동이 활발해지므로 고체 상태에서 서로 붙어 있던 분자는 액체가 되고 나중에는 분자가 제멋대로 움직이는 기체가 된다.

그런데 기체를 수천℃에서 가열하면 분자 핵에서 전자가 떨어져 나가 플라스마(plasma) 상태가 된다. 플라스마는 기체와 매우 다른 성질을 가진다. 태양과 같은 뜨거운 천체 속 원소들은 플라스마 상태에 있다.

텔레비전 두께를 10분의 1로

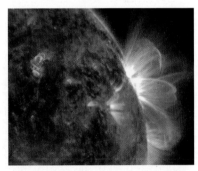

태양 플라스마 태양을 구성하는 수소와 헬륨 등은 고열로 인해 핵과 전자가 분리된 플라스마 상태로 존재한다.

줄이고, 무게를 6분의 1로 줄인 벽걸이형 텔레비전 화면(평판 디스플레이)에는 LCD형과 PDP형 두 가지가 있다. LCD는 Liquid Crystal Display를, PDP는 Plas Display Panel의 줄임말이다. 플라스마 디스플레이는 네온과 크세논 가스가 플라스마 상태가 돼 화면에서 빛이 나도록 만든 것을 의미한다.

무기물과 유기물은 어떻게 구별할까?

동식물과 미생물의 몸을 구성하거나 이들 생물체가 만들어낸 화합물을 유기물(有機物)이라 한다. 각종 탄수화물, 지방질, 단백질, 섬유소, 호르몬, 효소, 비타민 등은 모두 유기물이다. '유기(有機)'는 생명체를 뜻한다.

화학적 유기물은 분자 속에 기본적으로 탄소(C) 성분을 갖고 있으며, 이 탄소와 산소, 질소, 수소, 황, 인 등의 물질이 결합하여 유기물(탄소화합물)을 이룬다. 하지만 일산화탄소, 이산화탄소, 탄산칼슘, 시안화수소 등의 물질은 탄소를 가지고 있어도 유기물로 취급하지 않는다.

유기물과 반대되는 무기물(無機物)은 탄소를 포함하지 않은 화합물을 말한다. '유기화학'은 생물체와 관련된 화학 분야를 의미한다.

과학자들은 1828년 이전까지 생물만 유기물을 만들어 낼 수 있다고 생각했다. 같은 해, 독일의 화학자 프리드리히 뵐러(Friedrich Wöhler, 1800~1882)가 무기물인 시안화암모늄을 가열해 요소를 인공 합성하면서 생명체만 유기물을 생산할 수 있다는 생각을 버리게 되었다.

이후로 수없이 많은 유기물이 인공적으로 생산됐다. 고대 생명체가 지하에 묻혀 형성된 원유에는 많은 종류의 유기물이 포함되어 있다. 오늘날 석유화학 공업에서는 원유에 함유된 유기물을 분해해 수만 가지 물질을 합성하는 원료로 사용하고 있다.

'유기농법'은 인공적으로 합성한 화학비료나 농약을 사

유기물 연소 모든 유기물은 탄소가 주성분이므로 유기물을 태우면 이산화탄소가 발생한다.

용하지 않고 퇴비(동식물을 썩힌 비료)만 사용해 농작물을 재배하는 것을 말한다. 무공해 농산물은 이러한 화학비료와 화학살충제를 사용하지 않고 재배한 것이다.

유기물은 동식물이나 생물체가 만든 것이므로 자연적으로 완전히 분해된다. 태웠을 때 이산화탄소가 발생하는 물질은 유기물이다. 장작, 설탕, 석유, 생선, 고무, 플라스틱 등을 태우면 이산화탄소가 나오기 때문이다.

금속과 비금속 원소는 어떻게 다를까?

모든 원소의 4분의 3은 금속이며, 다음과 같은 성질을 가진다.

- 대부분 단단하며 반짝거린다.

- 실처럼 가늘게 만들 수 있고, 종이처럼 얇게 만들 수도 있다.

- 열과 전기를 잘 전도한다.

- 수은(액체)을 제외하고 모두 고체다.

- 금속인 철과 니켈은 자성을 가진다.

- 대부분 다른 원소와 결합한 상태로 자연에 존재한다.

비금속에 속하는 원소는 수소, 헬륨, 탄소, 질소, 산소, 불소, 네온, 인, 황, 염소, 아르곤, 브롬, 크립톤, 요드, 크세논, 라돈 등 총 열여섯 가지이다. 이 비금속 원소는 전기가 통하지 않고 열도 잘 전도하지 않는다. 탄소인 흑연은 전기가 통한다. 비금속 원소 중 인, 탄소, 황, 요오드는 고체, 브롬은 액체, 나머지 열한 가지 원소는 기체다.

금속과 비금속 모두에 속하지 않는 '반금속원소'도 있다. 전기가 통하기도 하고 그렇지 않기도 한 이중적 성질을 가진 원소는 반도체라고 부른다. 반금속원소에는 붕소, 규소, 게르마늄, 비소, 셀렌, 안티몬, 텔루르, 폴로늄, 아스타틴 등 아홉 가지가 있다. 이 반도체 원소는 모두 고체다.

왜 자철광만 자력이 있을까?

　자연에서 산출되는 철광석은 몇 가지가 있지만 대부분은 적철광 (hematite)과 자철광(磁鐵鑛, magnetite)이다. 대부분을 차지하는 적철광(분자식 Fe_2O_3)은 자성이 없고, 자철광(Fe_3O_4)만 자력을 가진다. 따라서 영구자석은 자철광으로 제조한다.

　자철광뿐만 아니라 어떤 물질도 각 원자 주변에는 자장이 생긴다. 자성이 없어 보이는 플라스틱이나 나무의 원자 주변에도 전자가 돌고 있으므로 자장이 형성된다. 그런데도 자력이 작용하지 않는 이유는 원자들이 가진 자석('원자자석')의 극(極) 방향이 일정하지 않아 자력이 서로 상쇄되기 때문이다. 하지만 자철광의 원자자석은 극 방향이 질서정연하게 일정하기 때문에 강한 자성을 지닌다.

 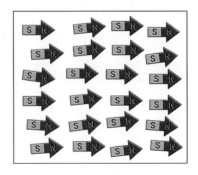

원자자석 하나의 자석은 수억 개의 작은 자석으로 이루어져 있다. 작은 자석들의 N극과 S극이 일정한 방향을 향하지 않고 마구 흐트러져 있으면 자력은 서로 상쇄돼 자석이 될 수 없다. 작은 자석의 N극과 S극이 모두 일정한 방향을 향하면 자석이 된다.

자철광은 본래 자성을 지진 철광석으로, 세계 도처에서 산출되고 있으며 자석의 원료가 되는 중요한 지하자원이다. 자철광이 생겨난 이유는 확실하지 않다. 하지만 자철광이 없었다면 오늘날 전자기 시대가 열리지 못했을 것이다. 대부분의 철광석이 자성이 없는 적철광이 아닌 자성체였다면 서로 자력이 작용해 철기 문명이 도래할 수 없었을 것이다.

168
산성 화합물 중 가장 산성이 강한 것은 무엇일까?

화학물질 화학실험실에는 위험한 약품이 많아 안전 규칙을 반드시 지켜야 한다.

염산, 질산, 황산은 모두 강한 산성 물질이라 한 방울이라도 실수로 떨어뜨리는 일이 없도록 유의해야 한다. 이보다 더 무서운 산성 물질은 금속을 청소할 때 사용하는 플루오르화수소(화학기호 HF)다. 이 물질은 부식성(금속이나 생물체를 녹이는 성질)이 강해 유리도 녹일 수 있다.

플루오르화수소를 잘못 다루면 부상을 입거나 목숨까지 잃을 수 있다. 한 연구자는 작은 컵에 담긴 플루오르화수소를 다리에 쏟는 바람에 플루오르화수소와 뼈의 칼슘 성분이 화학반응을 일으켜 결국 생명을 잃기도 했다.

플루오르화수소는 특수한 플라스틱 병에 보관한다. 이 물질은 화학공업에서 중요한 촉매제로 이용되며, 알루미늄과 우라늄을 정제할 때, 유리 표면을 부식할 때, 반도체를 만들 때 쓰인다.

169
자수정은 왜 보랏빛일까?

암석 속에 형성된 육각형 피라미드처럼 생긴 수정(水晶)을 본 적이 있을 것이다. 보랏빛 수정은 자수정이라고 한다. 수정과 자수정은 규소와 산소가 결합한 산화규소(SiO_2)가 주성분이다. 수정 속에 망간과 철분이 혼합돼 있으면 보라색이나 푸른빛으로 보이는 자수정이 된다.

보석이라는 광물은 모두 결정(크리스털) 구조를 가진다. 보석의 왕인 다이아몬드, 녹색의 에메랄드, 루비, 사파이어, 오팔, 석류석(가닛) 등은 지하에서 채굴하는 보석류다. 이런 보석은 뜨거운 용암 속에서 높은 압력을 받

원석 원석을 잘 가공해야 아름다운 보석이 된다. 원석 중 불순물이나 흠집이 없는 것을 선별해 보석으로 가공한다.

아 결정 상태가 된다.

강옥(鋼玉, 커런덤)이라는 보석류는 다이아몬드 다음으로 단단한 회백색 광물이다. 이것의 주성분은 수정과 같은 산소, 규소, 알루미늄이다. 강옥에 크롬이 약간 포함되면 붉은색 루비가 되고, 철과 티타늄이 섞이면 파란 사파이어가 되며, 크롬과 베릴륨이 들어 있으면 녹색의 에메랄드가 된다. 보석이 각기 독특한 색을 발하는 이유는 혼합된 분자의 종류에 따라 빛을 흡수하고 반사하는 성질에 차이가 생기기 때문이다.

강옥도 연마재로 많이 사용한다. 특수한 암석을 보석으로 만들려면 표면을 아름다운 각도로 매끄럽게 잘 연마해야(세공) 한다. 표면이 거칠면 빛을 무질서하게 반사해 굴절된 빛의 색이 제대로 나타나지 않는다.

170
태양전지는 햇빛을 받으면 왜 전류가 흐를까?

자동문 앞에 서면 저절로 문이 열린다. 문을 열고 복도에 나서면 꺼져 있던 전등이 켜진다. 디지털카메라는 피사체의 밝기를 자동으로 감지해 노출에 적정한 셔터 속도로 사진을 찍는다. 적외선 방범 시설이 된 곳에서는 감시카메라를 작동시켜 수상한 움직이 감지되면 경보를 내보낸다. 가로등은 해가 지면 저절로 불이 켜지고 아침이 밝으면 자동으로 꺼진다. 우주선에 설치된 널따란 태양전지판은 우주선에서 사용하는 전력을 전량 생산한다. 적외선 화재경보기를 설치한 곳에 연기가 차면 자동으로 화재경보가 뜬다. 이 모두가 광전지를 발명한 화학자들의 연구 성과다.

1873년 영국의 화학자 윌로비 스미스(Willoughby Smith, 1828~1891)는 셀레늄(Se, 원자번호 34)이라는 금속에 빛을 비추면 전기가 흐른다는 사실을 우연히 발견했다. 태양 에너지가 셀레늄의 전자와 충돌하면서 셀레늄의 핵에서 전자가 튀어나와 이동하기 때문이다. 하지만 그가 이 사실을 처음 발견했을 당시에는 전류가 미약해 별다른 주목을 받지 못했다.

빛은 파의 성질과 입자의 성질을 모두 가진다. 어떤 금속에 광자(빛)가 비치면 그 금속의 원자에서 전자가 튀어나온다. 빛에 의해 전자가 방출되는 이 현상을 '광전효과'라고 하며, 이때 나오는 전자를 '광전자'라 한다. 광전자가 흐르는 전류는 '광전류'라 하며, 광전류는 비치는 빛이 강할수록 더 많이 흐른다.

과학자들은 빛을 받은 셀레늄에서 나오는 광전류를 이용해 '전자 눈(electric eye)'을 만들었다. 전자눈은 사람을 감지하면 저절로 문이 열리는 자동문을 만드는 데 이용되었다. 전자눈의 원리는 단순하다. 문 한쪽에 전자눈을 설치하고, 반대쪽에서 전자눈에 빛(눈에 보이지 않는 적외선)을 보내는 장치를 설치한다. 전자눈에 빛이 비치고 있는 동안에는 자동문은 닫혀 있다. 누군가 접근해 빛을 차단하면 전자눈에 흐르던 전류가 사라지고 이것이 신호가 되어 문이 열린다.

1950년대에 과학자들은 트랜지스터와 같은 반도체에 관심을 보였다. 반도체 성질을 가진 물질 중 가장 유명한 것이 규소(실리콘)다. 1954년 미국 벨전화연구소의 과학자들은 실리콘의 성질을 연구하던 중 실리콘에 빛을 비추면 셀레늄처럼 광전류가 흐른다는 사실을 발견했다. 게다가 실리콘에서 나오는 전류는 셀레늄보다 5배나 강했다.

그 이후로 실리콘에 빛을 쪼여 전류를 생산하는 연구가 활발히 진행돼

태양광발전소 비가 잘 오지 않고 먼지가 적은 사막에 태양발전소를 설치하는 것이 유리하다.

빛을 받으면 전류를 생산하는 광전지를 발명하기에 이르렀다. 성능이 좋은 광전지를 제조하려면 순수한 실리콘이 필요하다. 이윽고 과학자들은 햇볕을 받아 전류를 생산하는 대규모 광전지(태양전지)를 만들었고, 여러 개의 태양전지를 넓게 펼쳐 많은 전력을 생산하는 태양발전소도 건설했다.

초기 태양전지는 매우 고가라 우주선 등에만 이용되었다. 우주선에 설치된 태양전지판은 가볍고 24시간 동안 계속 태양 빛을 받을 수 있으므로 필요한 전력을 충분히 생산할 수 있다. 오늘날에는 실리콘과 셀레늄 외에 광전류가 잘 발생하는 갈륨비소, 황화카드뮴과 같은 물질도 이용되고 있다.

과학자들은 우주 넓은 공간에 거대한 태양전지판이 설치된 태양광발전소를 여럿 설치하는 방법을 연구 중이다. 우주는 지구 표면과 달리 바람이 불거나 기상이 악화되거나 먼지가 날리지 않고, 면적에 제한이 없으며 더 강한 태양 빛을 받을 수 있다. 우주에서 생산한 태양발전소의 전력은 접시형 안테나를 통해 송전선 없이 지구로 보낼 수 있다. 우주 태양광발전소는 공해 없는 전력을 쉬지 않고 송전할 수 있을 것이다.

핵분열 반응과 핵융합 반응은 어떻게 다를까?

원자를 쪼개거나 원자끼리 결합하면 새로운 원자가 생겨나면서 막대한 에너지가 발생한다. 물질의 이러한 성질을 가장 먼저 연구한 과학자가 아인슈타인이다. 우라늄과 플루토늄과 같은 원소는 핵이 무겁다. 이런 무거운 원소의 핵이 쪼개지면(핵분열) 양성자와 중성자가 밖으로 튀어나오는 동시에 엄청난 에너지가 한꺼번에 나온다. 이 원리를 적용해 원자력발전소를 가동시키고 핵폭탄(원자폭탄)을 만들기도 한다.

한편 가장 가벼운 수소의 원자가 서로 결합(융합반응)하면 헬륨이라는 원소로 변하면서 막대한 에너지를 방출한다. 태양이 끊임없이 빛과 열의

핵융합로 대전 한국핵융합에너지연구원에서 설계 중인 핵융합원자로(KSTAR)

에너지를 내는 것은 태양을 구성하는 수소 원자들이 융합반응을 일으키기 때문이다.

　수소폭탄은 이 원리로 제조된 무기다. 현재 우리나라와 몇몇 국가에서는 인공적으로 핵융합반응을 천천히 일으킬 수 있는 원자로(핵융합원자로)를 만들어 전기를 생산하는 방법을 경쟁적으로 연구하고 있다.

　핵융합원자로는 전력 생산 과정에서 온실가스인 이산화탄소를 발생시키지 않고 공해물질이나 방사성 물질을 생성하지 않기 때문에 '꿈의 원자로'라 불린다. 현재 과학자들은 이 꿈의 원자로가 2035년 이전에 완공될 것으로 내다보고 있다.